KB053208

한 달의 교토

디지털 노마드 번역가의
교토 한 달 살기

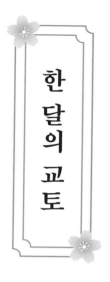

한 달의 교토

박현아 지음

그 시간 속 내가 경험한 교토는 오로지 내 심연의 깊은 기억으로만 자세히 남
아 있다. 이 책 『한 달의 교토』에는 그 빛나는 조각들이 담겨있다.

세나북스

교토가 서서히 봄을 맞이하는 한 달

빛나는 추억 한 조각을 담아오다

❀ 프롤로그

　　　　　　　　　　지난 2019년 4월, 일본 교토로 한 달 살기를 다녀왔습니다. 어떤 일을 하길래 한 달 살기를 갈 수 있었냐고 궁금해하실 것 같습니다. 저는 일본어 산업 번역가 및 도서 번역가 겸 작가 일을 하고 있습니다. 노트북만 있으면 어디서든 일할 수 있는 직업이라 교토에서도 일을 하면서 한 달 살기를 할 수 있었습니다.

　다들 교토는 아름답다고 말합니다. 특히나 제가 다녀온 4월의 교토는 벚꽃이 가장 아름다운 시기입니다. 하지만 제가 느낀 교토는⋯. 살다 보면 즐거울 때도 있고 힘들 때도 있는 것처럼 제가 지낸 한 달의 교토도 즐겁기도 하고 힘들기도 했습니다. 한 달 동안 제가 교토에 살면서 고생하고 힘들었던 일들, 좋았던 경험을 네이버 포스트로 연재하였고 귀국 후에 네이버 포스트를 바탕으로 원고를 썼습니다.

　아마도 이 책에 나오는 교토 이야기는 재미있을 겁니다. 너무 자신만만한가요? 하지만 재미없는 책을 읽어보라고 하는 건 앞뒤가 맞지 않습니다. 특히 '프리랜서 일본어 번역가가 교토 한 달 살기를 다녀온 이야기'는 조금 신선하리라 생각합니다. 그러니 재미있을 거라고 일단 배짱을 부리겠습니다.

　책 소개는 이 정도로 마무리하겠습니다. 사실 감사를 전해야 할 사람들이 조금 있습니다. 주변의 감사한 분들 덕분에 한 달 살기가 가능했거든요.

　결혼 4개월 차에 혼자 한 달 살기를 떠나겠다고 했을 때, 응원해 주고 지지해준 남편에게 고맙다는 말과 저의 마음을 전합니다.

　그리고 마치 딴 나라 이야기처럼 느껴지던 '한 달 살기'를 이뤄주고 책까지 펴낼 수 있게 해준, 언제나 저를 믿어주는 저의 행운의 여신님, 세나북스 최수진 대표님께 진심으로 감사드립니다.

　공항까지 바래다줘서 고마웠던 사랑하는 엄마, 아빠와 가족들, 늘 따뜻하게 맞이해주시는 부산 가족분들에게 감사를 전하며 키요 언니를 비롯한 친구들과 교토에 대한 많은 정보를 주신 지인분들께도 감사를 전합니다.

　네이버 '한 달의 교토' 포스트를 구독해주시고 매일 읽어 주시며 저와 같이 교토를 여행해주신 구독자분들께도 진심으로 감사의 말씀을 드립니다. 여러분들 덕분에 한 달 동안 지치지 않고 여행할 수 있었습니다. 그럼 교토에서의 제 이야기, 재미있게 읽어주세요.

2020년 1월
박현아

Contents ———————————————————————————

교토에 가기로 했습니다

장소는 교토로 정했다. 한 달 살기를 결심하고 새벽 2시에 출판사 대표님에게 '저 한 달 살기 가겠습니다!'라고 야심 차게 카톡을 보낸 지 약 2주 만이었다.

'작가님도 한 달 살기 하실래요?'라는 최 대표님의 농담인지 진담인지 모를 제안을 받은 뒤, 혼자 많이 고민한 끝에 보낸 카톡이었다. 카톡을 보낸 시각이 새벽 2시였다는 걸 메시지가 보낸 후에야 깨달았기에 조심스레 '아이고 대표님, 이렇게 늦었는지 몰랐네요. 죄송합니다…' 라는 메시지를 이어서 보냈다. 최 대표님은 특유의 발랄한 분위기로 '괜찮아요, 작가님 ^^'이라고 답변해 주셨다.

내가 새벽 2시에 보낼 수밖에 없었던 이유와 그때의 심정이 기억난다. 한 달 살기를 갈까 말까 고민을 많이 했는데, 출판사에 확실히 이야기하여 뒤로 물러설 수 없게 만들고 싶었던 마음이었다. 지금 얘기하지 않으면 또 한참을 고민하게 될 듯한 느낌이었다.

한 달 살기를 고민했던 이유는 다양했다. 한 달이라는 기간은 참

짧기도 하고 길기도 하다. 그동안 번역일(내 직업은 프리랜서 번역가 겸 작가다)이 몰려오면 어떻게 할 것인지도 생각해봐야 했고, 결혼한 지 3개월밖에 안 된 새신부의 입장으로 토끼 같은 남편을 두고 가는 것도 마음에 걸렸다. 매년 한 번씩 방문하던 일본을 최근 2~3년 간 가지 못해서 회화가 잘 나올지도 의문이었고, 도쿄가 아닌 일본의 다른 지역을 방문해 본 적이 거의 없어서 혼자서 잘 지낼 수 있을지도 걱정이 되었다.

그래도 가겠다고 선언한 이유는 '한 달 살기'였기 때문이다.

2019년 2월에 열었던 나의 두 번째 책 『프리랜서 번역가 수업 실전편』의 작가와의 만남 행사에서 독자분이 이런 질문을 하셨다.

"번역할 때와 책을 직접 쓸 때의 차이점이 있나요?"

이 질문에 대한 나의 답은 이러했다.

"무엇보다도 번역은 처음과 끝이 정해져 있어요. 그래서 막막하진 않죠. 하지만 책 쓰기는 처음과 끝이 정해져 있지 않아요."

한 달 살기도 비슷했다. 한 달 살기니 처음과 끝이 명확했다. 처음과 끝이 정해져 있으면 많은 것을 미리 대비할 수 있으며 계획할 수 있다. 마음의 준비도 충분히 할 수 있고 앞날을 예측하기도 쉽다. 약 30일. 그보다 훨씬 짧아서도 길어서도 안 된다. 그러면 한 달 살기라고 부를 수 없다. 최대한 봐줘서 45일까지는 한 달 살기로 쳐줄 수 있지만 46일부터는 두 달 살기에 가까워진다.

한 달이라면 괜찮다. 한 달이면 번역일이나 다른 일을 살짝 미뤄둘 수 있는 기간이며, 한 달이면 아무도 모르는 곳에 떨어진다고 해도 외로움을 견뎌볼 만한 기간이다. 한 달이면 경제적으로도 큰 타격을 입지 않을 것이며, 한 달이면 가전제품의 관리를 소홀히 해도 별문제가 없을 기간이다.

한 달. 여행도 할 수 있고 생활도 해볼 수 있는 기간. 타국에서 온전히 낯선 외국인 관광객으로 제법 길게 살아볼 수 있는 기간이다. 이런 기회는 흔치 않다. 부지런한 한국인의 특성상 언제나 무언가를 해야 한다는 의무감을 느끼기 때문에 우리는 외국에 나가면 어학당에 다니거나(이것을 우리는 어학연수라고 부른다), 아르바이트를 하거나(이것은 워킹홀리데이라고 부른다), 학교에 다니거나(이건 유학이라고 한다), 회사에 다닌다(이것은 해외 취업). 하지만 한 달 살기는? 아무것도 하지 않는다! 그저 관광할 뿐이다.

그리고 온전히 자신에게 집중하는 시간을 보내고 싶었다. 책을 두 권 썼지만 새로운 분야와 소재의 책 쓰기에도 도전해보고 싶었다.

어쨌든 한 달 살기를 결심했다. 출판사에 선언하고 주변 사람들에게 이야기하여 유리처럼 약한 나의 의지를 확고히 굳혔다. 결심을 굳혔다면 이제 시기와 장소를 정해야 한다. 어디를 가면 좋지?

명색이 관광 안내문 전문 번역가이지만 일본 여행은 도쿄나 오사카만 오갔기에 어디가 좋을지 감이 잡히지 않았다.

결국 블로그(https://blog.naver.com/godivaesther)에 글을 올렸다. '일본에서 한 달 살기를 한다면, 어디에 가고 싶으세요?'

감사하게도 16분이나 답변을 해주셨다. 가마쿠라, 오키나와, 오이타, 다카마쓰, 홋카이도, 고베, 마쓰야마 그리고 교토. 이 중에 7표나 얻은 교토가 단연 일본에서 한 달 살고 싶은 지역 1위였다.

사람들은 왜 그렇게 교토를 좋아할까? 교토를 떠올리면 전통과 역사, 고풍스러움이 느껴진다. 세월의 흔적을 멋지고 단정하게 간직하고 있는 도시. 수많은 교토 여행 에세이도 이러한 교토의 아름다움을 속삭였다.

'교토는 말이야, 참 예스럽고 우아하단다. 교토 사람들은 자기 고장에 대한 프라이드를 가지고 있고 그들만의 삶의 방식이 있어…'

사실 그때까지 내가 생각하던 교토도 그랬다. 잘 꾸며진 일본식 정원과 절들이 존재하고 약간 오래된 느낌의 거리 풍경이 있는 곳, 모든 것이 단정하고 깔끔한 정돈된 모습…. 나 역시 약간은 정형화된 이미지를 가지고 교토를 목적지로 정했다.

내가 좋아하는 '와비사비(와비(侘)는 세속적 삶에서 벗어나 단순하고 덜 완벽하며 본질적인 삶을 추구하는 것, 사비(寂)는 낡았지만 한적한 삶에서 정취를 느끼는 미의식을 의미)' 정신이 탄생한 곳이니 교토에 가서 정신 수양도 하고 그들의 삶의 태도를 배우고 와야겠다는 생각도 했다.

목적지를 정하고 날짜를 정한 뒤 시간이 흘러가길 기다렸다. 이 시간 동안은 마치 한 달 살기가 영원히 시작되지 않을 거 같았다. 혹시 그런 느낌을 알까? 몇 개월 전에 비행기표와 숙소를 예약해 두면 왠지 그날이 영영 오지 않을 거 같은 그런 느낌. 때로는 그날만을 기다리면서 현실의 나날들을 견디는 느낌. 이 두 가지 복잡한 기분을 모두 맛보며 시간을 보내다 어느덧 교토로 떠날 날이 이틀 앞으로 다가왔다.

그때 나는 좀 지쳐 있었다. 12월 말에 결혼을 했고 번역일이 폭풍처럼 몰아쳤다. 워낙 사람 만나서 이야기하는 걸 좋아하다 보니 바쁜 시간을 쪼개어 결혼식에 와준 사람들을 만나 고맙다는 인사도 하러 다녔다. 새로운 책 번역도 맡게 되었으며 새로운 게임 번역과 관광 번역 프로젝트도 맡게 되었다. 일 욕심이 많은 나는 하나도 놓치고 싶지 않아서 정말 최선을 다했다.

하지만 그러다 보니 번아웃 증후군이 찾아왔다. '인생은 뭘까'라는 사춘기 같은 질문부터 시작해 '세상에 보여줄 만한 것이 더 이상 내게 없는 거 아닐까'라는 우울함이 찾아왔다(건방지게도!). 앞으로 나아가고 싶었지만 앞이 막혀 있는 느낌이었다. 여기서 끝입니다! 행복하게 잘 살았어요! 라며 누군가가 내 이야기책을 덮으려는 거 같았다. 이런 현실을 외면하고 싶어서 빨리 교토에 가고 싶었다.

이런 우울 속에서 교토에 가기 2주일 전에 친구들과 함께 코타 키나발루 여행을 다녀왔다. 소중한 친구들과 함께한 여행에서 좋은 기운을 충전한 덕분에 조금은 마음이 안정되었다. 우울한 마음이 걷힌 덕분에 교토에 가서 무엇을 할지, 어떤 생활을 하고 어떤걸 해보고 싶은지 구체적인 생각들이 떠오르기 시작했다. 그건 마치 깨달음을 얻으러 산에 오를 준비를 하는 수행자의 마음가짐과 비슷했다.

출발 이틀 전, 새하얀 캐리어를 꺼냈다. 평소에 내가 여행을 좋아한다고 생각해본 적이 없었는데, 작년에 산 캐리어에 꽤 많은 스티커가 붙어 있었다. 좁은 방에 캐리어를 눕히고 짐을 챙기기 시작했다.

이번 여행 짐 싸기의 컨셉은 '미니멀리즘'이었다. 와비사비의 도시인 교토에 가는 것이니 꼭 필요한 물건만 챙겨가고 싶었다. 저가 항공권을 예매했기에 수하물 무게가 10kg으로 제한되어 있었다. 이러나저러나 미니멀리즘으로 짐을 싸야 했다.

남편에게 "미니멀리즘 짐 싸기를 하기로 했어."라고 말했더니 그는 "그만둬! 너에게 미니멀리즘은 일단 모든 것을 버리고 일주일 뒤에 모든 것을 새로 산다는 이야기잖아!"라고 외쳤다. 사실 과거에 미니멀리즘을 한답시고 이런 만행을 저지른 적이 몇 번 있긴 하다.

내가 실제로 챙겨서 떠난 짐의 목록은 다음과 같다.

넉넉하게 많은 속옷
긴 바지 2장(1장은 입고 가기), 반바지 2장
반소매 티셔츠 2장, 긴소매 티셔츠 2장
원피스 2개
양말 5켤레
카디건 1개
홈웨어 2세트
원데이 콘택트렌즈 20일분, 1달 용 콘택트렌즈 한 쌍
안경, 안경 닦기, 안경집
인스턴트 블랙커피(카누) 30일분 (나는 커피 중독자이기 때문이다)
약간의 허브 티백
지퍼백(한 달 살기 집에서 요리해 먹다가 식재료들이 남으면!)
110v 어댑터
휴대폰 충전 케이블 2개
카메라, 삼각대, 카메라 충전기
노트북, 마우스, 노트북 충전기
여권, 볼펜
교토 여행책 2권
타이레놀, 테라플루, 유산균
선크림, 립밤, 아이섀도, 립스틱, 스킨, 에센스, 크림, 샴푸, 트리트먼트,
치약, 칫솔, 비비크림, 아이섀도 브러쉬, 아이라이너, 뷰러, 블러셔, 바디밤

귀걸이 3개
비타민
에코백
여권
슬리퍼 하나, 구두 하나

한 달의 교토를 다녀온 지금 와서 생각해 보면 '이거 빼고 저거 챙겨'라고 말해주고 싶은 것들이 꽤 많다. "블랙커피 스틱은 안 챙겨도 돼. 일본의 '카페 라토리'가 정말 맛있거든!" 이라든가, "반바지는 가져가지 않아도 돼! 4월의 교토는 매우 춥다고!"라고 말해주고 싶다.

어쨌든 짐을 싸고 네이버 포스트에 첫 번째 일기를 썼다. 포스트 제목은 '한 달의 교토'. 첫 번째 일기 내용은 '짐을 이렇게 쌌습니다. 혹시 더 가져가야 할 것이 있다면 추천해주세요!'라는 내용이었다. 감사하게도 많은 분이 댓글로 '이건 안 가져가도 될 거 같아요!' 또는 '이건 가져가세요!'라고 의견을 주셨다.

포스트에 달린 댓글을 읽고 답글을 달면서, '내 여행을 누군가가 지켜보고 있고, 누군가가 기대하고 있구나'라는 느낌을 받아 왠지 모르게 참 설레었다. 한 달간 혼자 여행을 떠나지만 어쩌면 혼자가 아닐지도 모른다는 생각이 들었다.

한 달 살기, 교토로 출발!
교토역

· 하얀색 캐리어를 끌고 공항으로
향했다. 공항에 도착하자마자 짐을 맡기고 비행기 표를 체크했다.
그리고 포켓 와이파이와 보조배터리를 대여했다. 해외여행을 갈
때는 유심칩이 더 간편하다고는 하는데, 전화번호가 바뀌어 버리
기 때문에 한국에서 걸려오는 전화를 받을 수 없다는 단점이 있다.
이것은 프리랜서인 내게는 치명적일 수도 있기에 포켓 와이파이
를 한 달간 대여했다. 한 달 동안 잘 다녀오겠다며 공항에 데려다
준 엄마에게 인사하고 출국장으로 들어가 비행기를 탔다.

그리고 약 2시간 뒤, 간사이 공항에 도착했다. 최근 몇 년간 일본
에 가지 않았기에 일본으로 가는 비행시간이 이렇게 짧다는 걸 오
랜만에 느꼈다. 캐리어를 찾고 리무진 버스를 타고 교토역으로 향
했다.

달리는 리무진 버스의 창밖 풍경을 바라보았다. 교토. 나는 분명
교토에 와본 적이 있을 것이다. 있을 것이다, 라는 추측하는 말을
쓴 건 이유가 있다. 분명 중학교 2학년 겨울 방학, 학교에서 신청자
를 모집했던 3박 4일 정도의 일본 학교 교류 프로그램에 참가한 적
이 있다. 그때 오사카, 교토, 나라를 방문했다.

프로그램에 참가한 아이 중 아는 친구가 한 명도 없어서 혼자 멀
뚱멀뚱 일행을 쫓아다녔다. 매화가 피기 시작한 겨울, 옥빛의 오사
카성을 바라보았던 기억도 난다. 그리고 나라 사슴 공원에서 사슴

에 놀라기도 하고, 완성되지 않은 유니버설 스튜디오에서 비를 맞았던 일도 영화의 한 장면처럼 아주 짧게 기억난다.

그리고 교토. 분명 몇 군데는 돌아봤을 거 같은데 교토에서는 기요미즈데라의 세 가지 물줄기를 본 기억밖에 나지 않는다. 그 물을 먹었는지, 먹지 않았는지조차도 기억이 나지 않는다. 기요미즈데라의 다른 풍경도 전혀 기억나지 않는다. 혼자 다녀서 사진을 찍어준 사람도 없었기에 이것이 진짜 나의 추억인지도 검증할 방도가 없다.

그러니 내가 교토에 간 것 같긴 한데, 도대체 교토가 어떤 곳인지 잘 알지 못했다. 교토로 가는 버스 안, 피곤했지만 설레었다.

한 달간 지낼 숙소는 교토역 부근에 있었다.

미리 한국에서 인터넷을 통해 먼슬리 맨션을 한 달 빌렸다. 일단 맨션 렌탈 회사를 찾아갔다. 교토역과 아주 가까운 곳에 있어서 금방 찾을 수 있었다. 회사에서 계약서를 다시 확인하고, 집 열쇠와 집의 인터넷을 담당해줄 와이파이 기기를 받았다. 교토에는 무슨 일로 왔냐고 렌탈 회사 직원이 물었다.

"관광인가요? 일인가요? 뭐, 어느 쪽이든 저희는 별로 상관은 없지만…"

이 한 달 살기가 관광일까 일일까. 출판사하고 책을 내겠다고 논의하고 온 것이니 일인 거 같은데, 그 일이 관광이니 관광이라고 해야 할까?

"관광… 이라고도 할 수 있고, 일이라고도 할 수 있네요. 여행책을 쓰러 왔어요."

"여행책이요?"

"네. 교토에서 한 달 살기를 하면서 책을 쓰는 거예요."

"와, 그럼 우리가 막중한 임무를 맡은 거군요!"

이후에도 뭔가 대단하다는 눈빛으로 "책이라니, 정말 대단해요!"라며 연신 말해서 "아니 저, 그렇게 유명한 작가가 아니라서요…"라고 쓸데없는 변명만 하고 사무실을 뒤로했다. 하긴 내 주변 사람들에게도 책 쓰러 일본 간다고 하니 엄청나게 부러워하긴 했는데, 그게 또 부끄럽기도 하고 낯설기도 하고 민망하기도 했다. 그런데 사실인 건 맞다.

무사히 교토에 도착해서 집 열쇠까지 받았으니 한 달 살기, 이제부터 본격적으로 시작이다!

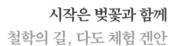

시작은 벚꽃과 함께
철학의 길, 다도 체험 겐안

· 3월부터 4월까지는 일본행 비행
기표가 비싸다. 다들 그놈의 벚꽃을 보러 가기 때문이다.

포털사이트를 검색해보니 보통 3월 말쯤에 벚꽃을 보러 일본에
간다고들 한다. 여행사들도 3, 4월의 비행기표를 내세우며 '벚꽃
놀이는 일본이죠~'라는 뉘앙스로 사람들을 유혹하고 있었다. 나도
한 달 살기를 떠나면서, '4월 초에 교토에 간다니, 가자마자 만발
한 벚꽃을 볼 수 있겠군!'이라며 기대를 가득 품었다.

그래서 교토에 도착한 날 밤, 욕조에 물을 받아 거품 목욕과 함
께 음악을 들으면서 벚꽃 명소를 검색했다. 사실 구체적인 여행 계
획이 전혀 없었다. 하지만 '한 달의 교토'는 내가 사건을 일으키지
않으면 아무런 이야깃거리가 발생하지 않는다.

그래서 이야기를 위해 밖으로 나가기로 했다. 사람들이 제일 많
이 추천하는 벚꽃 명소는 '철학의 길'이었다. 그래, 내일은 철학의
길에 가자. 철학의 길만 둘러보는 건 아쉬우니, 기왕 나가는 김에
다도 체험도 해보자는 생각이 들었다.

야후재팬에서 '哲学の道(철학의 길)', '茶道体験(다도 체험)'을 키워드
로 검색했다. 정말 몇 년 만에 업무 밖의 생활 속에서 일본어를 쓰
는 느낌이었다. 다도 체험장은 꽤 여러 곳이 있었는데, 어쩐지 영어
가 유창하게 쓰인 홈페이지는 끌리지 않았다. 나는 정말 일본 현지
인들이 즐기는 다도 체험을 해보고 싶다고! 난 일본어도 할 줄 아

니까! 라고 생각했는데, 나중에야 이 생각이 얼마나 부질없었는지 깨달았다.

그러다가 눈에 띈 다도 체험장이 있었다. 이름은 겐안(Gen-an). 홈페이지도 예쁘고 메인이 영어가 아니라 마음에 들었다. 철학의 길과 은각사 쪽에 있는 곳이라 위치도 적당해서 예약 페이지에 접속했다. 마침 당장 다음 날 참여할 수 있는 스케줄이 있었다. 냉큼 예약했다.

씻고 베란다에 나가보니 교토타워가 불빛을 반짝이고 있었다. 교토의 밤은 아직 추웠다. 반소매, 반바지보다 긴 팔을 좀 더 챙겨올 것. 난방이 전혀 되지 않는 차가운 마룻바닥 위에서 양말을 신으며 수면 양말도 가져왔어야 했다고 후회했다. 누군가 4월 초에 교토 여행을 간다면 꼭 수면 양말을 가져가시길.

다음 날 아침. 숙소에서 철학의 길에 가는 버스를 검색해 보았다. 숙소가 교토역 부근에 있는 건 참 편하다. 교토의 거의 모든 관광지에 가는 버스를 교토역 앞에서 탈 수 있기 때문이다. 하지만 교토역까지 걷기도 귀찮았던 나는 숙소와 가까운 버스정류장에서 버스를 타기로 했다.

버스에 올라탔다. 일요일이라 사람이 많았지만 운 좋게 자리에 앉을 수 있었다. 교토의 버스는 내릴 때 요금을 내는 시스템이다. 도쿄에 살 때는 버스를 거의 타지 않아서 몰랐다. 거스름돈도 주지 않으므로 반드시 버스비에 상응하는 동전을 내야만 한다.

1,000엔짜리 지폐는 버스 기사님 쪽에 있는 동전 교환기를 이용해서 낼 수 있지만, 막상 버스에 탔는데 지갑 속에 5천 엔이나 만 엔짜리 밖에 없는 경우에는 참 난감해진다.

　　버스 창밖으로 바라본 교토 시내의 첫 풍경. 기와를 얹은 절과 신사, 오래되고 층수가 낮은 건물이 이어졌다. 이래서 고도(古都)라고 하는구나. 30분 동안 창밖에 비친 교토는 현대 속에 전통이 너무 아무렇지도 않게 스며들어있는 도시였다. 도쿄에도 신사와 절이 있긴 하지만, 도시 중심부에 이렇게까지 절과 신사가 많지는 않았다. 교토는 참 낯설고도 신기하면서, 외국인의 일본 판타지를 채워주기에 제격인 도시가 아닐까 하는 생각이 들었다.

　　긴카쿠지미치 정류장에서 내렸다. 구글 지도를 보고 방향을 잡아 걸어갔는데, 300m쯤 걸어가다가 왠지 사람들이 가는 방향과

반대로 가는 것 같아서 멈추어 섰다. 구글 지도를 다시 확인해보니 이번에는 이 녀석이 반대 방향을 가리켰다. 하는 수 없이 다시 300m를 되돌아갔다. 글로 쓰니 참 간단한데, 나름 긴 거리를 헛걸음했다.

철학은 모르지만 철학의 길은 걷고 싶어

작은 골목으로 들어가 조금 위로 올라가니 사람들이 보이기 시작했다. 커다란 벚나무 밑에서 사람들이 차례대로 사진을 찍고 있었다. 벚나무 아래에는 '철학의 길'이라는 표지판과 은각사로 가는 길을 나타내는 표지판이 있었다. 이곳이 바로 철학의 길이구나. 길게 이어진 길 가운데에 시냇물이 흐르고 있었다. 강이라고 하기엔 너무 작고, 시냇물이라고 하기엔 약간 큰 미묘한 하천이었다.

쭉 이어진 하천을 따라 양옆으로 벚나무가 피어 있는 풍경. 양옆 길가에는 색색의 예쁜 스카프를 진열해둔 가게와 그릇 가게가 자리하고 있었다. 벚꽃이 아름답게 피어 있었지만 흐드러지게 만개한 상태는 아니었다. 2019년 기준으로 만약 흐드러진 벚꽃을 감상

하고 싶다면 4월 8일쯤이 적절했을 것이다.

철학의 길이라는 이름은 일본의 철학자 니시다 키타로가 이 길을 걸으며 사색을 즐겼다고 하여 붙여졌

다. 그는 이곳 교토 대학교의 철학과 교수였다. 1945년에 세상을 떠났다고 하니, 꽤 근대의 사람이다. 사실 철학의 길을 설명하기 위해 니시다 키타로가 내세운 철학에 대해서 여러 자료를 읽어보았지만 안타깝게도 나는 이해하지 못하였기에 책에 싣기는 어려울 거 같다. 나는 철학과는 거리가 먼 사람이다.

아무튼 그처럼 심오한 철학은 아니지만 나도 뭔가 사색을 해볼까, 하는 생각이 들었다. 예를 들면 '한 달의 교토를 어떻게 즐기면 좋을까?'라는 사색이라든가. 어쩌면 니시다 키타로는 가끔 친구나 학생들과 함께 이 길을 걸었을 테지. 만약 내가 그 학생 중 한 명이었다면 "인간이란 왜 사는 걸까요?"라는 질문을 던지는 학생이 아니라 "선생님, 다리가 아픈데 쉬었다 가시죠. 저기에 마침 카페가 있습니다."라고 말하는 얌체 같은 학생이었을 거 같다.

벚꽃을 바라보며 걷다가 문득 '벚꽃이 좀 떨어질 때쯤 왔으면 더 운치 있었을 거 같아!' 라는 욕심 가득한 생각을 하고 말았다. 지금도 충분히 아름답지만, 벚꽃이 지기 시작했을 때 왔더라면 얼마나 예뻤을까! 좀 더 시적으로 벚꽃의 아름다움을 이야기하고 싶으나, 안타깝게도 나는 벚꽃을 보며 '예쁘다! 꽃이 질 때 오면 사진이 더 잘 나올 거 같다!' 정도밖에 생각하지 못하는 단순한 사람이다.

이제 와서 생각해보면 아직 만개가 아닌 시기에도 사람이 많은 편인데, 벚꽃이 떨어질 무렵에 왔더라면 더 혼잡했을 것이다. 그러면 사색은커녕 집에 돌아가는 길을 검색할 여유조차 빠듯하지 않았을까?

철학의 길은 2km나 된다. 2km의 산책길을 400그루의 벚나무가 함께했다. 나는 카메라를 들고 사람 구경, 벚꽃 구경, 가게 구경을 하며 걷고 또 걸었다. 교토에 온 지 얼마 안 되었기 때문에 사고 싶은 것, 먹고 싶은 것이 얼마나 많던지! 하지만 내게는 한 달이라는 시간이 있다며 꾹꾹 참았다. 한 달. 그 시간은 모든 것에 여유를 주었다. 나는 앞으로 한 달 동안 이곳에 얼마든지 다시 올 수 있다.

한참을 걸으며 사진을 열심히 찍다가 근처에 있는 유명한 우동집 '오멘'으로 향했다. 오후 3시 무렵이었다. 구글 지도에 오멘을 검색하고 따라갔다. 철학의 길에서 조금 내려와 한산한 도로 쪽으로 빠졌다.

점심시간이긴 하지만 설마 대기하는 사람이 있을까? 하고 생각했는데, 대기줄이 꽤 길었다. 배는 고팠고 겐안 다도 체험 예약은 1시간밖에 남지 않았다. 점심 식사를 마치고 겐안에서 차를 마시자는 나의 완벽한 계획을 위해 다른 식당으로 향했다. 철학의 길 쪽에 식당이 몇 개 있던 게 기억났으나 안타깝게도 모두 만석이거나 재료 소진이었다. 밥을 먹기 위해 40분이나 헤맸으나 어쩔 수 없었다. 겐안으로 향할 수밖에.

다도 체험을 할 때는 다리를 주의 ; 겐안에서 다도 체험

철학의 길에서 작은 골목길로 들어서서 걷다 보니 풀색 노렌(상점 입구에 치는 막이나 가정에서 칸막이로 쓰는 천막)이 달린 작은 집이 나타났다. 겐안이었다. 여기가 과연 가게가 맞나, 가정집 아닌가 하는

생각이 들었지만 'Tea Ceremony'라고 쓰인 작은 입간판이 내가 맞게 찾아왔다고 말해주었다.

겐안의 대문으로 들어가니 아주 작은 정원이 나타났다. 현관문 앞 빨간 벤치에 두 명의 일본인 여성이 앉아있었다. 나도 벤치에 앉았다. 내가 물었다.

"그냥 기다리면 되나요?"

그러자 한 분이 대답했다.

"글쎄요, 노크를 해봐야 하나?"

아무래도 다들 무턱대고 기다리고 있는 듯했다. 행동력만큼은 자신 있는 나는 바로 현관문을 노크했다. 똑똑똑. 하지만 아무도 나오지 않았다. 다시 자리에 앉아 작은 정원을 둘러보았다. 뒤쪽에 '다실'이라는 표지판이 있었다. 아무래도 건물 뒤편에 좀 더 큰 정원이 있는 것 같았다.

"앗, 용케도 들어오셨네요!"

잠시 후 예쁜 풀색 기모노를 입은 분이 현관문을 열고 말했다. 아무래도 대문을 잠가 두었던 모양이다.

"조금만 기다리세요. 앞 타임이 아직 끝나지 않아서요."

그리고 잠시 후, 건물 뒤쪽에서 노란 머리와 파란 눈의 외국인 두세 명 나왔다. 그들은 굉장히 신난다는 듯이 "아리가또!(고맙습니다)"라고 말했다. 그들이 다도 체험을 재밌게 즐겼다는 것을 잠깐만

봐도 알 수 있었다.

　우리 차례가 되었다. 일단 짐을 보관했다. 모든 것을 다 잊고 다도에만 집중하는 시간이 되기를 빌며 아까부터 궁금하던 뒤쪽 정원으로 안내받았다.

　자, 이제부터 다도 체험을 해볼까?

　먼저 아치형 다리를 지나 작은 연못을 건넌다. 그리고 작은 물가에서 도구를 이용해 손을 씻는다. 이 물가를 테미즈야(手水舍)라고 부른다. 신사나 절 앞에도 있다. 물을 긷는 도구는 국자(히샤쿠, 柄杓)라고 부르는데, 이것을 이용해 손을 씻을 만큼만 물을 떠서 양손을 번갈아 가며 씻는다. 이 물로 입안도 헹군다.

　손과 입을 청결히 씻었다면 일어나서 툇마루에 무릎을 꿇고 다실 안에 있는 다도 선생님과 인사한다. 옥색 기모노를 입은 선생님

이 미소를 지어 주셨다. 그리고 무릎을 꿇은 상태로 다실에 들어간다. 무릎을 꿇은 상태로 주먹 쥔 두 손으로 바닥을 짚어서 몸을 슬라이드! 하는 것이다. 내가 첫 번째로 들어갔는데, 알고 보니 입장한 순서에 따라서도 제각기 역할이 있으며 지정석이 있었다. 제일 먼저 들어간 사람이 그 다회의 메인 게스트인데 이번 다회에서는 그게 바로 나였다.

　모두가 입장하고 무릎을 꿇고 앉아있는 가운데 선생님의 설명이 이어졌다. 설명을 잘 듣고 본격 다도 체험이 시작되었다.

　먼저 과자부터. 차를 마시기에 앞서 과자가 나왔다. 다회의 주최자인 선생님이 과자를 내밀며 "お菓子どうぞ(과자 드세요)"라고 내게 말한다. 나는 사전에 설명을 들은 대로 두 번째 순서인 사람에게 인사를 하고 그릇을 살짝 위로 들어 올렸다가 내려놓은 뒤에 내 몫의 떡과 과자를 하나씩 하얀 종이에 덜었다. 그리고 이제 내가 다회 주최자에게 말할 차례. 사전에 배운 문구대로 "お菓子をちょうだいします(과자를 먹겠습니다)"라고 말한다. 그리고 옆 사람에게 "お先に(먼저 먹겠습니다)"라고 인사를 한다. 내가 과자를 먹는 동안 두 번째 순서와 세 번째 순서인 사람은 서로 정해진 인사와 격식을 갖추고 순서대로 과자를 덜어 먹는다. 벚꽃잎처럼 생긴 과자였는데, 설탕을 굳혀 놓은 것처럼 보였다. 한입 베어 물면 파사삭 부서지는 과자는 무척 달콤했다.

　우리가 과자를 먹는 동안 선생님이 기모노의 오비 속에서 빨간

천을 꺼내어 다완(茶碗, 찻그릇)을 조심스레 손질하셨다. 그 모습을 보며 어째서 일본어에서 다완을 밥그릇이라고도 하는지 새삼 깨달았다. 이렇게 큰 다완이라면 밥그릇이 되기에 전혀 부족함이 없겠지. 선생님은 다완에 찻잎 가루를 넣고 화로에 올려놓은 주전자에서 국자로 물을 덜어 다완에 조심스레 따랐다. 차 도구를 이용해 우아한 손놀림으로 가루를 넣은 물을 휘젓자 곧 녹색 거품이 일었다. 녹차라테 같았다.

과자를 다 먹고 선생님이 내 앞에 놓아둔 다완을 감사의 마음을 담아 왼손바닥 위에 올려놓았다. 그리고 오른손으로 다완을 감싸 시계방향으로 두 번 돌린 뒤에 차를 마신다. 원래 다도에서는 3번 반에 걸쳐서 차를 모두 마셔야 하며 마지막에 마실 때는 '습!'하는 소리도 내야 한다고 하지만, 지금은 다도 체험일 뿐이니 몇 번이든 나눠 마셔도 괜찮다고, 편하게 마시라고 말씀해 주셨다. 친절하기도 하지! 다 마신 뒤에는 다시 반대 방향으로 다완을 두 번 돌려 내려놓는다.

글로 표현하니 뭔가 간단해 보이는데, 실제로는 약간 복잡했다. 이어서 직접 차를 만들어보는 체험을 했다. 조금 전의 엄숙했던 다회와는 달리 조금씩 이야기를 나누며 차 만들기 체험이 진행되었다. 도구로 찻잎 가루에 물을 넣고 다완을 열심히 휘저었더니 아까와 같은 녹차라테 거품이 생겨났다! 별거 아닌데 재미있었다. 선생님들도 적극적으로 사진을 찍어 주셨다.

그런데… 나는 더는 참을 수 없었다.

다리가 너무 아팠다.

다도를 할 때는 다다미 바닥에 무릎을 꿇고 앉아 있어야 한다. 이왕 체험하는 거 제대로 해보자는 생각에 계속 무릎을 꿇고 있었는데, 그 시간이 어느덧 40분이 넘은 상태였다. 웬만하면 참을 생각이었는데 더 참다가 진지하게 집에 가지 못할 거 같은 불길한 예감이 들었다.

"저기…"

괴로운 표정으로 손을 들며 말했다.

"죄송하지만 제가 다리가 좀…"

"아, 괜찮아요! 의자 드릴게요!"

천사 같은 선생님은 바로 의자를 가져다주셨다. 흔히 말하는 목

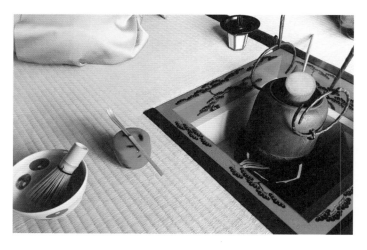

욕탕 의자보다도 훨씬 더 낮은 의자였는데, 이 의자에 앉았을 뿐
인데도 다리가 한결 편해졌다.

"감사합니다."

"이건 어디까지나 다도 체험이니까 부담 갖지 않으셔도 돼요."

역시 관광객을 위한 다도 체험인 만큼 참가자에 대한 서비스가
아주 훌륭했다. '나는 정말 일본 현지인들이 즐기는 다도 체험을
해보고 싶다고! 난 일본어도 할 줄 아니까!'라는 생각이 얼마나 부
질없었는지! 하루에도 몇 시간씩 기모노를 입고 무릎을 꿇고 이 서
비스를 제공하는 선생님들도 대단하다는 생각이 들었다.

참가자 3명에 선생님 2명이 앉으니 꽉 찬 느낌의 다실. 방 한가
운데 바닥에는 화로가 파여 있었고, 그 위에 주전자가 있었다. 현
대의 가스레인지라든가 인덕션이 아니라 정말 화로 모양이었다.
참가자 한 분이 "전기화로죠?"라고 물어본다. 진짜 화로 같은 모양
이었지만 화재의 위험 때문에 진짜 숯불은 쓰지 않으며 전기로 불
이 들어오는 화로였다. 아무리 전통이라고는 하지만 화재는 역시
위험하다. 차를 모두 즐기고 나서 질문 답변 시간이 이어졌다.

사실 책에 쓸 요량으로 여러 가지 심오한 질문들을 준비해 갔었
다. "와비사비나 미니멀리즘같은 정신에 감명받아 힐링하는 사람
들이 많습니다. 일본의 다도도 이러한 정신들과 관계가 있지요?"
라든가 하는 뭔가 작가다운 멋진 질문들 말이다. 하지만 정작 해야
할 질문은 하지 못하고 엉뚱한 질문들만 던지고 말았다.

첫 번째 바보 질문.

"다도를 할 때는 차에 설탕을 넣으면 안 되나요?"

"설탕은 혼자 드실 땐 상관없지만 기본적으로는 넣지 않습니다. 넣고 싶으신가요? 차가 쓴가요?"

"아니요, 저는 지금 이대로도 충분한데 넣고 싶은 사람이 있을 수도 있겠다는 생각이 들어서요."

"그렇군요. 설탕은 넣지 않습니다. 대신 과자를 먹어요."

"아, 그러네요. 과자가 있네요."

하긴 과자만으로도 충분히 달콤했다.

그리고 또 다음 바보 질문.

"꼭 순서대로 차를 마셔야 하나요?"

격식을 따르다 보니 자연스레 첫 번째 사람이 차를 중간쯤 마실 때쯤에 두 번째 사람이 차를 마시기 시작하고, 세 번째 사람이 마실 때쯤에는 첫 번째 사람은 이미 차를 다 마신 상태였던 게 신경 쓰였다.

"첫 번째 자리에 앉으신 분은 다회의 메인 게스트로 이 다회에서 제일 소중한 분이지요. 그래서 제일 먼저 대접하는 겁니다."

마지막 바보 질문.

"꼭 말차로만 다도를 하나요?"

이 질문을 했을 때는 선생님들과 나머지 사람들이 '그럼 뭐로 다도를 해야… (재는 뭐지?)'라는 눈빛으로 나를 쳐다보는 거 같았다.

선생님은 친절하게도 "네. 기본적으로 말차로만 다도를 합니다." 라고 생긋 웃으며 대답해 주셨다. 바보 같은 질문을 해서 죄송하다고 말했더니 옆자리의 여성분이 "다도가 처음이잖아요~ 처음이면 당연히 아무것도 모르죠~" 라고 말씀해 주셨다. 이해심이 깊은 착한 분!

체험이 끝나고 다실에서 나가려는데 여전히 다리가 엄청나게 저렸다. 아까 의자에 앉지 않고 버텼더라면 정말 집에 가지 못했을지도 모른다. 나는 고통을 호소하며 선생님께 "스미마셍!"을 외쳤다. 고운 하늘색 기모노를 입은 젊고 귀여운 선생님은 괜찮으니 다리가 풀리면 천천히 가라며 프로페셔널한 관광객 영업용 미소를 보여주셨다. 역시 당신은 베테랑! 잠시 다리를 풀린 뒤에 다실을 나섰다.

다도 체험은 꽤 좋았다. 예쁜 기모노를 입은 선생님들과 다다미가 깔린 작고 조용한 다실에서 즐긴 다도 체험은 정말 '잊지 못할 것 같다.'(정말 상투적인 문장이지만 잊지 못할 거라는 표현 외에는 달리 적합한 말이 없다) 교토에 가서 일본 문화 체험을 해보고 싶다면 다도 체험을 적극적으로 추천하고 싶다. 이번에는 45분짜리 본격 다도 체험이었는데, 만약 다시 교토를 방문한다면 20분짜리 약식 체험을 한 번 더 해보고 싶다.

철학의 길

은각사에서 난젠지까지 이어지는 약 2km의 길. 따로 입장권 등이 필요하지 않다.

다도 체험 교실 겐안 (Gen-an) (https://www.gen-an-kyoto.com/)

체험 코스

약식 다도 체험 약 20분(평일) 1,080엔

본격 다도 체험 약 40분(토, 일요일) 2,700엔

정통 다도 체험 약 60분(부정기 개최) 4,000엔

홈페이지에서 예약 가능

미니 여행 일본어 코너

哲学の道 (てつがくのみち, 테츠가쿠노미치)	철학의 길
茶道 (ちゃどう, 챠도)	다도
足 (あし)がしびれる (아시가 시비레루)	다리가 저리다

벚꽃이 지기 전에

헤이안 신궁, 기온 시라카와, 기온 시조, 카와라마치

· 세 번째 날이 밝아왔다. 하지만 난 무척 피곤했다. 왜냐고? 새벽 3시 30분까지 일기를 썼기 때문이다. 아무런 계획도 없이 교토에 오면서 다짐했다. 그날의 일기는 꼭 쓰자, 일기 쓰기 하나만은 꼭 지키자! 이러한 나의 다짐이 하루 만에 무너져버리면 스스로에 대한 신뢰도가 급격히 하락하므로, 나 자신과의 관계를 유지하기 위해 열심히 일기를 썼다. 이왕 쓰는 일기, 여러 사람에게 소식을 알리고 정보도 제공할 겸 네이버 포스트에 연재하기로 했다. 워낙 칭찬받기를 좋아하다 보니, 연재를 하면 여행에 한층 힘이 더해질 거 같았다.

하지만 이게 예상외로 쉽지 않았다. 설마 일기를 쓰는데 3시간이 넘게 걸릴 줄은 꿈에도 상상하지 못했다. 참고로 내 직업은 전업 프리랜서 번역가 겸 작가인데, 작가로서는 아직 걸음마 단계다. 그러다 보니 '앞으로 글 쓰는 일로 계속 나아가고 싶다면 공개적으로 쓰는 일기에도 조금은 공을 기울여야 하지 않을까'라는 생각에 각종 정보를 검색하게 되었고, 그날 있었던 일을 모조리 기록하려고 했다. 수많은 사진 중에 잘 나온 사진만 엄선하기도 나름 일이었다.

한 달 살기의 좋은 점은 아무리 새벽 3시 30분에 잤다고 해도 어떠한 문제도 없다. 회사에 지각하는 것도 아니고, 학교에 갈 필요도 없다. 1000년 세월이 살아 숨 쉬는 이 고대 도시 교토에 오직 나 홀로 존재한다는 느낌은 각별했다. 아무도 방해하는 사람이 없으니 교토역 앞 작은 맨션, 교토타워가 한눈에 보이는 이 방의 작은 침대에서 잔뜩 뭉그적댈 권리가 내게는 있었다.

하지만 나는 세계적으로 소처럼 일하기로 유명한 성실한 한국인으로 태어난 사람이다. '빨리빨리'를 외치는 한국인의 습성이 나라고 없을 리 없다. 게다가 나는 무엇이든 미리미리 대비해 두는 성격이다. 매도 먼저 맞겠다고 손을 드는 사람이며, 번역할 때도 마감일에서 하루 이틀은 여유를 두고 일 끝내기를 좋아하는 사람이다. 그래서 문득 이런 생각이 들었다.

'나중에 번역일이 몰려서 관광할 시간이 부족하면 어떡하지? 모처럼의 한 달 살기인데, 교토에서 가볼 수 있는 곳은 모두 가봐야 하는 거 아닐까? 그래야 책에 쓸 이야기도 많지 않을까? 분량이 부족하면 어떡해?'

지금 와서 생각해보면 지나친 걱정이었다. 교토에서 한 달을 살며 책에 쓸 내용은 충분했다. 게다가 아직 이틀째밖에 되지 않았는데! 하지만 이틀 만에 침대에서 뒹구는 것보다 밖에 나가서 모험을 해야 이 책의 스토리가 진전이 된다. 밖에 나가보기로 했다.

오늘은 어디에 갈까?

문득 어제 철학의 길에 가는 버스 안에서 본 헤이안 신궁 앞의 마쓰리(축제)가 생각났다. 야키소바, 오코노미야키, 맥주, 만두… 맛있는 음식이 가득한 포장마차들. 무대 위에서 춤추던 사람들. 버스 창문을 통해 보았을 뿐인데도 봄날의 즐거운 축제 분위기가 전해져 왔다. 그래, 오늘은 거기다. 모처럼 벚꽃의 계절에 일본에 왔으니, 즐길 수 있는 건 모두 즐겨야 한다는 약간의 의무감을 느꼈다. 헤이안 신궁에서 몇 정거장만 지나면 일본 전통 가옥들이 즐비한 거리 '기온마치'가 나온다. 기온마치에서 벚꽃을 잔뜩 찍고 밤에는 조명이 밝혀진 니조성의 벚꽃을 감상해보는 것으로 오늘의 스케줄을 마무리할까? 음, 괜찮은 계획이야!

나 홀로 벚꽃 놀이 ; 헤이안 신궁

교토 시내에서 유명 관광지로 향하는 버스를 타면 도착하기 직전에 관광 안내 방송이 흘러나온다. 예를 들어 오늘 같은 경우, 헤이안 신궁에 도착하기 전에는 버스에서 "헤이안 신궁은 헤이안 천도 1100주년을 기념하여 지어졌으며…"라는 방송이 흘러나오는 식이다. 일본어와 영어로 안내되는 방송을 들으며 창밖을 바라보니 교토를 대표하는 공원 중 하나인 오카자키 공원이 보였고, 일본 국립 근대 미술관이 보였다. 이처럼 헤이안 신궁 주변에는 볼거리가 참 많다. 교토시 동물원도 바로 근처에 있다!

버스 정류장에서 내려서 어디로 가야 할지 잠깐 헷갈릴 뻔했지만, 주변을 둘러보자 답이 바로 나왔다. 헤이안 신궁을 상징하는 커다란 오오도리이가 보였다. 원래는 도리이라고 부르지만 헤이안 신궁의 도리이는 무척 크기 때문에 클 대(大)자를 앞에 붙여 오오(大)도리이라고 부른다. 얼마나 크냐고? 높이 24m, 너비 18m를 자랑하는 크기이며, 이 도리이가 세워진 1928년 당시에는 일본에서 제일 큰 도리이였다고 한다. 참고로 현재 일본에서 제일 큰 도리이

는 와카야마 현의 이름도 어려운 구마노혼구타이샤의 도리이로 높이가 33.9m이다. 현재 헤이안 신궁의 오오도리이는 일본에서 8 번째 높이를 자랑하는 도리이로 남아있다.

어쨌든 도리이를 향해 걸어가려는데, 마침 배가 출출해서 가는 길에 있는 한적한 떡 가게로 향했다. 벚꽃의 계절이니 사쿠라모치를 먹을 수 있지 않을까? 하는 기대를 품었다. 사쿠라모치는 벚꽃이 피는 계절에 즐기는 일본의 떡이다. 하지만 좀 더 곰곰이 생각해보니, 내가 도쿄에서 사쿠라모치를 먹었던 건 대부분 3월 초였다. 지금은 4월 초. 사쿠라모치는 더 이상 판매하지 않을지도 모른다는 아쉬움에 약간 풀이 죽어서 가게 앞으로 갔다.

뜻밖에도 떡집 입구에서 내 눈길을 끈 건 사쿠라모치가 아닌 와라비모치였다. 가게 입구에 '와라비모치'라고 적힌 큰 간판이라고 해야 할지, 하얀 천이 걸려있었다. 와라비모치라, 사실 나는 와라비모치를 먹어본 기억이 없다. 그런데도 내가 와라비모치를 알고 있는 이유는, 와라비모치에 대해 번역을 한 적이 꽤 많기 때문이다.

물론 언제나 그렇듯 와라비모치라는 단어를 제외한 나머지 설명은 모두 잊어버렸다. 번역가에 대한 흔한 오해 중 하나로 '글을 많이 읽으니 아는 게 많을 거야'라는 게 있는데, 정말 그런 훌륭한 번역가분들도 계시겠지만 일주일만 지나면 모든 내용을 잊어버려서 필연적으로 비밀유지계약을 철저히 지킬 수밖에 없는 나 같은 번역가도 있다. 그래서 나에게 와라비모치란, 단어와 존재, 모양새

는 대충 알지만 정작 그게 무엇으로 만들어졌고 어떤 맛인지는 모르기 때문에 안다고 할 수도 있고 모른다고 할 수도 있는 희한한 음식이다. 이 기회에 와라비모치도 먹어볼까? 라고 생각하며 일단 사쿠라모치에 도전하기로 했다.

"사쿠라모치, 아직 있나요?"

점원이 상냥하게 말했다.

"아니요, 사쿠라모치는 없어요."

사쿠라모치가 없다는 말에 아쉬웠다. 일단 점원이 가리키는 곳을 바라보니, 다양한 시식용 떡들이 있었다. 그런데 시식용 떡들이 참 컸다. 이거 시식용 맞나? 라는 의문이 들었다. 사실 나는 딱 한 조각의 떡만 살 생각이었는데 시식용 떡이 바로 내가 사고자 하는 크기였다.

그래도 시식만 하고 그냥 나가기에는 뭔가 부끄럽기도 해서 괜히 매장 안을 둘러보며 다른 포장된 떡들을 살펴보았다. 모두 8개, 10개가 기본이었다. 한 조각이 작았다면 8개짜리를 먹어도 되는데 한 조각이 참 컸다. 사실 이젠 와라비모치이든 사쿠라모치이든 그건 중요하지 않았고 당장 내 배를 채울만한 딱 한조각으로 판매하는 떡을 먹고 싶었다. 하지만 한 조각만 판매하는 떡은 없어 보였다. 일단 물어보기라도 할까 싶어서 용기를 내어 8조각짜리 떡 상자를 가리키며 말했다.

"이거, 좀 더 작은 건 없나요?"

"없어요. 그게 제일 작아요."

안타깝게도 실패. 교토에 온 지 며칠 되지 않아 함부로 돈을 쓰고 싶지 않았다. 여럿이 먹는 것도 아니기에 8조각을 살 수는 없었다. 하지만 떡은 먹고 싶었다! 그냥 나는 얼굴에 철판을 깔기로 하고 시식 코너로 향했다.

분홍색 세모꼴의 예쁘게 생긴 떡을 한입 베어 물자, 부드러우면서도 살짝 쫄깃한 맛이 느껴졌다. 떡 안에는 앙금이 들어 있었다. 맛있었다. 한 조각 정도는 더 먹어도 되겠지? 다른 맛을 하나 더 이쑤시개로 찍었다. 나중에 알아보니 야츠하시라는 교토에서 유명한 떡이었다.

와라비모치니 사쿠라모치니 하는 고민이 무색하게, 나는 딱 두 조각의 떡을 시식하고 도망치듯이 가게를 나왔다. 사실 시식은 먹어보라고 내어놓은 것이니 이제 와서 생각해보면 그렇게까지 부끄러워할 일이 아니었던 거 같지만, 그때의 나는 왜인지 참 부끄러워했다.

계속 빨간색 도리이, 아니, 빨간색이라고 하기보다는 노란색을 살짝 섞은 듯한 쨍한 주홍빛 도리이를 향해 걸어갔다. 도리이로 가려면 폭이 넓은 다리를 건너야 했다. 다리가 놓인 강변에는 벚나무들이 줄지어 분홍색 벚꽃을 피우고 있었다. 강은 파랬고 벚꽃은 분홍빛이었으며 도리이는 참 밝게 붉었다.

멀리서 봤을 때는 도리이가 그렇게 커 보이지 않았는데 도리이 앞에 도착하니 크긴 크다는 생각이 들었다. 하지만 버스 안내방송이나 다른 곳에서 "엄청나게 커요!"라고 이야기한 것에 비해 그렇게까지 크진 않았다. 역시 영화든 관광지든 괜히 큰 기대를 하면 즐거움이 줄어들 때가 있다.

도리이를 지나니 왼쪽에는 스타벅스와 츠타야 서점이 보였다. 가운데에는 축제의 현장이 펼쳐져 있었다. 하얀색 음식 부스들이 줄지어 있었고, 앉아서 식사할 수 있는 자리도 마련되어 있었다. 나는 무척 진지한 자세로 음식 부스들의 간판을 훑었다. 도대체 뭘 먹어야 후회하지 않을까? 그러다 맥주를 판매하는 부스에 시선이 멈췄다. 맥주. 일단 맥주다. 일본 드라마에서도 이런 곳에선 맥주를 마시니까!

일회용 투명 컵에 맥주가 가득 담겨 나왔다. 나는 컵을 받아 들었다. 서서 먹는 건 아무래도 위험할 거 같다는 생각에 어딘가 앉을 곳을 찾아봤지만 아무리 찾아봐도 빈자리가 없었다. 어쩌지, 하다가 부주의하게 툭! 으악, 트렌치코트에 맥주를 살짝 쏟고 말았다!

원래였다면 화장실에서 수습했겠지만 하필이면 화장실도 어딘지 알 수 없었다. 아직 맥주가 가득 담겨있는 이 컵을 들고 화장실까지 가는 길이 더 험난할 거 같았다. 흠뻑 젖은 건 아니었기에 어쩔 수 없이 휴지로만 닦아냈다. 어차피 나 혼자인데 뭐. 트렌치코트에서 맥주 향 좀 난다고 뭐라고 할 사람도 없다.

빠르게 마음을 진정시키고 다시 먹을 것을 찾았다. 아무리 그래도 맥주만 마실 수는 없지. 그러다가 호르몬(돼지 내장 구이. 흔히 말하는 곱창)과 야키소바를 파는 부스를 발견했다. 호르몬을 매우 좋아하는 나는 주저 없이 믹스 호르몬을 하나 주문했다. 사실 야키소바와 호르몬을 같이 파는 부스이니 믹스 호르몬은 분명 야키소바와 호르몬이 섞여 있는 메뉴일 거로 생각했다. 하지만 예상과 달리 호르몬과 양배추 등의 채소가 섞여 있는 메뉴였다. 어쩔 수 없지.

나는 한 손에는 맥주, 한 손에는 팩에 담긴 호르몬과 젓가락을 들고 다시 자리를 찾아 두리번거렸다. 서서 먹을 수는 없는데…. 자리를 찾아 빙빙 돌다 보니 헤이안 신궁 정문 앞까지 와버렸다. 아까 그 도리이는 정문이라기보다는 그냥 대문이라고 이해해 주시길. 대문 - 광장 - 헤이안 신궁으로 된 구조다.

더 이상 맥주 거품이 사라지는 걸 두고 볼 수 없던 나는 그냥 연석 위에 앉아버렸다. 화단과 보도의 경계인 아주 낮은 연석 위에 호르몬을 살짝 올려 두고 드디어 마음 편히 맥주를 마셨다. 캬~ 사실 화단도 아니고, 연석에 앉아서 먹는 건 좀 이상하게 보일 것 같았지만, 뭐 어때. 난 여기에 아는 사람도 없는 걸! 한 달 살기의 장점이 이런 건가 보다. 아무도 아는 사람이 없으니, 설령 이상한 취급을 받아도 아무런 상관이 없다. 난 한 달 뒤면 이곳을 뜰 거니까!

헤이안 신궁과 광장 사이의 작은 도로로 지나다니는 차들 사이로 헤이안 신궁 정문을 바라보았다. 비비드한 주홍빛이 바로 저런 느낌일까?

날씨는 좋고, 벚꽃은 바람에 흔들리고, 나는 헤이안 신궁 앞에서 맥주를 마신다. 그래, 이것이 바로 '교토 한 달 살기' 타이틀에 완벽하게 어울리는 그림이다. 그 순간의 행복한 기분과 책에 쓸 거리가 생겼다는 만족감을 한 번에 느꼈다. 한편으로는 이 좋은 순간에 혼자임을 새삼 깨닫게 되었다. 트위터에 사진을 올렸지만 지금 내가 마시는 맥주와 호르몬의 맛과 지금 부는 바람의 느낌과 경치를 누구와도 함께할 수 없다는 생각에 조금 서글퍼졌다.

배를 든든히 채우고 길너머에서 바라보던 헤이안 신궁 입구에 들어갔다. 드넓은 신궁 마당이 나타났다. 헤이안 신궁은 일본의 헤이안 천도 1100주년을 기념하여 지어졌다. 교토는 8세기부터

1000년 넘게 일본의 수도였다. 사실 '헤이안 신궁'이라는 이름만 듣고 '일본의 헤이안 시대(794년~1185년)에 지어진 건물인가'라고 생각했는데, 1895년에 지어진 비교적 근대식 신궁이었다.

아 참, 신궁이라는 단어가 낯설 수도 있겠다. 신궁을 말하려면 신사가 무엇인지부터 이야기해야 한다. 신사란 일본의 토착 신을 섬기는 사원이다. 이슬람교에는 이슬람 사원이 있듯이, 일본에도 일본 토착 신을 섬기는 신사가 있다. 일본 토착 신의 수는 엄청나게 많으며 역사적 인물도 섬기는 등, 신사마다 섬기는 신이 다르다. 이러한 신사 중에서 일본 황실과 연관이 깊은 신사를 신궁이라고 부른다.

커다란 본당 건물을 눈으로만 쓱 구경하고 터벅터벅 걸으며 주변을 돌아보니 무스비키(結び木)가 있었다. 무스비키는 운세 뽑기인 '오미쿠지'를 뽑은 뒤에 묶어두는 나무다. 하얀색 오미쿠지가 잔뜩 달린 무스비키도 있었지만, 옅은 핑크빛 오미쿠지가 달린 무스비키도 있었다. 무슨 차이가 있는 걸까? 궁금해서 직원에게 물어보았다.

"저기, 이거는 왜 옅은 핑크색인가요?"

매점의 점원은 활짝 웃으며 말했다.

"지금은 벚꽃이 피어서요!"

"저쪽에 있는 무스비키는 하얀색이잖아요? 무스비키나 오미쿠지는 꼭 하얀색이 아니어도 되는 건가요?"

"네! 지금 시즌 한정이에요!"

운세 뽑기조차도 벚꽃 시즌 한정이라니, 일본에서 벚꽃은 사골보다 더 많이 우려먹는 소재가 아닐까? 벚꽃 특수로 장사가 잘된다면 그것도 나름대로 좋은 일일 테지만 말이다.

인솔자 없이 유명한 관광지에 가면 어쩐지 사람들이 많이 가는 쪽으로 나도 몸을 맡기게 된다. 어디로 가는지도 모르는데 말이다. 사실 헤이안 신궁에 대해 대단한 조사를 하고 온 것이 아니었기에 사람들이 가는 대로 쫓아갔다. 도대체 어디기에 다들 이쪽으로만 가는 걸까. 주홍빛 문을 통과하자, 나는 그 이유를 단박에 알 수 있었다. 입구부터 벚꽃이 아름답게 만개한 정원, 신엔(神苑)이었다.

이거 꽤 멋진데? 감탄하며 입장료를 내고 들어갔다. 널찍하고 커다란 본궁에 비해 아담한 느낌의 정원이었다. 사방에 벚꽃이 피어

있었다. 들어서자마자 온통 벚꽃밖에 보이지 않았다. 사람들이 정신없이 각자의 핸드폰으로, 카메라로 사진을 찍었다. 50대 여자분들은 벚꽃 나무 아래에서 번갈아 가며 서로의 사진을 찍어 주었다. 여기까지 왔는데 나도 한 장 찍고 싶었다. 그들 중 한 명에게 핸드폰을 내밀며 사진을 부탁했다. 내 핸드폰을 건네받은 여자분은 포즈까지 조정해주며 열심히 사진을 두 장이나 찍어 주셨다.

　헤이안 신궁의 신엔에는 연못도 있고 시냇물도 있었다. 안쪽에는 전통 일본 차를 마실 수 있는 다실 같은 곳도 마련되어 있었다. 잘 정돈된 일본식 정원을 거닐며 봄날의 여유를 만끽했다. 벚꽃도 아름다웠지만 가득 피어 있던 은방울꽃도 내 눈을 사로잡았다. 고등학생 시절, 미대 입시를 할 때 은방울꽃을 그렸던 기억이 났다.

　신엔을 거닐다 보면 큰 연못 위에 설치된 정자(亭子)와 다리가 보

인다. 다리 위에서 바라보는 정자의 모습이 일품이다. 뭐 이렇게 그림 같은 풍경이 다 있지? 왜 다들 이곳에서 셔터를 눌러 대는지 충분히 이해가 갔다.

한창 사진을 찍고 다리를 건너 신엔을 나가기 전, 낚싯대처럼 늘어진 능수 벚꽃이 눈에 들어왔다. 이런 곳에서 사진을 안 찍을 수 없지. 중국인 관광객에게 핸드폰을 내밀어 사진을 부탁했다. 핸드폰을 건네받아 확인해보니 인생샷이 있었다.

나 홀로 벚꽃 놀이 ; 기온 시라카와

다음으로 향한 곳은 기온 시라카와였다.

앞서 이야기했듯이 나는 성격이 급하고 걱정도 많은 편이다. 무엇이든 미리미리 해 두기를 좋아한다. 그래서 오늘 꼭 기온 시라카와에 가고 싶었다. 벚꽃이 지면 어떡해! 사실 미리미리 해 두는 걸 좋아한다기보다는 걱정이 많은 타입에 더 가까운 거 같기도 하다.

사실 내가 교토에 오기 전에 막연하게 기대했던 곳 중 하나가 바로 기온 거리였다. 교토에 대해 거의 조사하지 않았지만 교토라는 키워드를 넣어 검색해보면 '교토 관광명소'로 등장하는 장소 중 하나가 기온 거리다.

사실 '기온 시라카와'와 '기온 시조'가 무엇이 다른지 확실히 알지 못하는 상태였다. 똑같이 '기온'이 앞에 붙어있으니 같은 동네인가 싶다가도, 이름만 비슷한 거 아닌가 하는 생각이 들었다. 고개를 갸우뚱거리며 지도를 찾아보았더니 다행히도 같은 동네였다. 찾아보니 동쪽으로는 야사카 신사, 서쪽으로는 야마토오지 도리, 북쪽으로는 신바시도리, 남쪽으로는 겐닌지까지를 '기온'이라고 부른다고 한다.

버스를 타고 기온 시조역 근방에서 내리자 지붕이 있는 아케이드 상점가 거리가 나타났다. 야사카 신사부터 기온 시조역을 지나 카와라마치 역까지의 긴 거리가 쭉 이어져 있었다. 처음에는 큰 건물이 그다지 보이지 않아 전통 상점가 같은 느낌을 받았는데, 가모가와(鴨川, 가모강) 다리를 건너자마자 큰 백화점과 건물이 즐비해 '교토의 신주쿠인가'라는 생각이 들었다.

일요일이라 좁은 상점가 길에 사람들이 가득했다. 가게의 쇼윈도를 구경하랴, 길을 찾으랴 나는 무척 분주했다. 전통 일본 느낌이

물씬 나는 관광 기념품을 파는 가게들이 특히 많았다. 일본 하나 인형을 파는 곳도 많았고, 길거리에서 당고를 파는 가게도 있었다. 녹차 디저트 가게는 기본이었다. 전통 일본 기념품을 찾는 교토 관광객을 위한 거리였다.

사람들을 헤치고 구글 지도를 따라 기온 시라카와로 향했다. 기온 시라카와로 가려면 큰 거리가 아닌 골목길로 들어가야 했다. 이런 골목길로 가도 뭐가 있는 건가? 라는 생각이 들 무렵, 커다랗고 분홍색 꽃을 잔뜩 피운 벚나무 한 그루가 나타났다.

어제 철학의 길에서 덜 피어서 살짝 아쉬웠던 벚꽃이 그곳에는 아주 화려하게 활짝 피어 있었다. 사람들이 커다란 벚나무 아래에서 너도나도 사진을 찍고 있었다. 사람이 많으면 정신이 없을 법도 한데, 벚나무가 너무 탐스럽고 화려한 나머지 소란스러운 분위기를 압도했다. 하지만 너도나도 그 벚나무 아래서 사진을 찍어 대는 통에 벚나무 사진만 담기가 어려웠다. 초상권은 소중하니까.

기온 시라카와에도 철학의 길과 마찬가지로 하천이 흐르고 있었다. 바로 이 강이 시라카와(白川)였다. 강에 왜가리 한 마리가 너무 아무렇지도 않게 서 있었다. 사람들이 저마다 '저거 봐' 하면서 사진을 찍었다. 사람이 익숙한 왜가리인 걸까? 알고 보면 모델이 되는 걸 즐기는 프로 모델 왜가리일지도 모른다.

정취 있는 전통 가옥들이 강을 따라 즐비했다. 하천을 사이에 두고 한쪽은 돌바닥으로 된 길이었고, 다른 한쪽은 하천에 벚꽃 잎

이 떨어지는 모습을 감상할 수 있는 가게들의 테라스 석이 쭉 있었다. 나도 강변 테라스 석에서 벚꽃 지는 걸 구경하는 사치를 해보고 싶어서 가게들을 기웃거렸다. 몇몇 가게는 하천에 다리를 놓아 들어갈 수 있었지만 어디가 입구인지 알 수 없는 가게도 있었고, 언뜻 가게 앞 메뉴판을 보니 가격이 놀라워서 그냥 산책을 즐기기로 했다. 사실 '조금만 가면 더 멋진 가게가 나오지 않을까?' 하는 욕심도 한몫했다. 하지만 그다지 마음에 쏙 드는 가게는 없었다.

'걷고만 있어도 좋다'가 딱 이런 느낌이 아닐까! 시라카와를 따라 줄지어 있는 전통 가옥들 구경하기도 재미있었다. 이때만 해도 일본 전통 가옥이 신기했다. 나중에는 교토에 널린 것이 전통 가옥이라는 걸 알게 되어 전통 가옥 거리가 나타나도 '평범한 교토의 어느 동네'라고 느끼게 되었지만 말이다.

하천을 따라 걷다 보니 벚나무 밑의 조명들도 눈에 띄었다. 밤에는 조명이 켜져서 벚꽃의 정취를 더욱 진하게 느낄 수 있다고 한다. 밤에 시라카와의 벚꽃을 감상하고 카와라마치 역 주변 번화가에서 네온사인을 즐기는 것도 괜찮겠다는 생각이 들었다. 다음에 또 올까?

가게 이름들이 새겨진 주홍빛 울타리가 있는 타츠미바시(巽橋) 부근까지 도달한 뒤 이번에는 다음 목적지로 향했다. 기온 시라카와는 짧다. 기껏해야 2~300m밖에 되지 않는다. 짧긴 하지만 사진을 찍어 인스타에 자랑하기에는 매우 좋은 곳이다. SNS를 한다면 방문을 강력하게 추천한다.

다시 지붕이 있는 아케이드 거리에 도착했다. 사람들이 북적북적한 거리를 지나 '하나미코지'로 향했다.

유명해서 가봤다 ; 하나미코지

각종 블로그에서 보던 기온 전통 거리에 가고 싶다면 하나미코지에 가면 된다. 일본 전통 가옥이 쭉 늘어서서 일본 옛 거리 모습을 그대로 간직하고 있다. 이 거리의 시작 지점에는 하나미코지라는 표식이 있고 항상 많은 사람으로 북적이니 찾아가기 쉬울 것이다.

돌바닥이 깔려 있고 일본 전통 건물로 가득한 이 거리는 약 1km 정도로 마치 영화 세트장 같은 느낌이었다. 전통 건물들을 하나하

나 살펴보니 모두 실제로 영업하는 가게들이었다. 간혹 카페나 찻집도 있었지만 대부분 일본 고급 코스 요리인 가이세키 요릿집이었다. '모처럼이니 가이세키 요리를 먹어볼까?'라는 생각에 가게 앞 메뉴판을 보았다. 그리고 바로 생각을 접었다. 제일 저렴한 가이세키 코스가 만 엔(한화 10만 원)부터였다. 사실 지금 생각하면 한 번쯤 먹어볼 만한 가격인 거 같은데, 그때의 나는 생각보다 교토에서의 생활비가 많이 든다는 걸 막 깨달은 참이었다. 3박 4일로 교토에 왔더라면 큰맘 먹고 먹었을 텐데 한 달 살기였기에 먹어보지 못했다고도 할 수 있다.

하나미코지 거리는 원래 겐닌지라는 절의 부지였다고 한다. 19세기에 경내를 제외한 겐닌지의 부지가 국가에 몰수당했는데, 3년 뒤에 기온고부(祇園甲部) 차가게 조합(お茶屋組合)에서 이 부지 중 7만 평 남짓의 부지를 사들였다. 사들인 부지를 남북으로 관통하는 거리가 하나미코지였으며, 이때부터 유곽 거리로 번성하게 되었다. 몇백 년의 역사를 자랑하는 다른 교토의 거리나 가게들에 비하면 의외로 신참 명소이며, 지금 하나미코지 거리에 깔린 돌바닥도 2002년에 설치됐다고 한다.

사실 운이 좋으면 오후 3~4시쯤부터 이곳에서 게이샤를 볼 수 있다는 이야기가 있어 나름 기대했다. 하지만 안타깝게도 오늘은 꽝이었다. 게이샤의 그림자도 보이지 않았다.

하나미코지 거리를 걸으니 일본 사극의 한 장면 속에 들어온 느

낌이었다. 아이스크림을 파는 노점도 없었고 편의점도 보이지 않았다. 내가 에도시대에 와 있다는 착각이 들 정도였다. 일본 전통 목조 건물을 잔뜩 감상하고 싶다면 하나미코지가 적격이다. 기모노 렌털을 하고 사진을 찍기에도 하나미코지와 기온 시라카와가 제격이다. 사실 하나미코지에는 기모노를 입은 사람이 매우 많았는데, 그들 대부분이 기모노 렌털을 이용한 외국인 관광객들이었다.

1km의 돌바닥 길을 거닐며 사람 구경, 건물 구경을 하며 와자지껄한 일요일의 하나미코지를 즐겼다. 게이샤를 본 이야기를 쓸 수 없는 것이 아쉽지만, 여러 교토 여행담 중에 게이샤를 보지 못한 여행담이 하나쯤 있어도 되지 않겠냐며 스스로를 위로해본다. 마치 영화세트장 같았던 하나미코지를 뒤로 하고 발걸음을 돌려 기온 시조와 카와라마치역쪽으로 향했다.

다리 하나로 타임 슬립 ; 기온 시조와 카와라마치
기온의 아케이드 거리를 따라 쭉 걸어가면 시원한 가모가와와 산조(三条) 다리가 나타난다. 다리 입구 쪽에는 그림을 그려주는 사람도 있고, 외국인의 이름을 한자로 바꾸어 멋지게 붓글씨를 써주는 사람들도 있어서 구경거리가 쏠쏠하다. 기타를 치며 버스킹하는 젊은이도 있었다.

노랫소리를 들으며 다리 아래를 내려다보면 사람들이 강가에서 바람을 맞으며 여유롭게 앉아도 있고 누워도 있는 모습을 볼 수 있다. 말만 들어도 근사하지 않은가. 이렇게 낭만적인 산조 다리를 건너기만 하면 짠, 21세기가 나타난다. 분명히 이 다리를 건너기 전에는 적어도 19세기나 20세기 느낌이 나는 전통 상점가 거리였는데 이 다리만 건너면 화려한 21세기 현대 거리가 나타난다. 과거와 현대를 이어주는 타임머신 같은 산조 다리. 나는 이 다리를 참 좋아했다.

기온 시조부터 카와라마치역까지는 큰 건물이 많고 밤에는 네온사인이 반짝이는 번화가다. 타카시마야 백화점과 마루이 백화점, 다이마루 백화점 등 온갖 백화점과 쇼핑센터들이 밀집되어 있다. 마이보틀(My bottle)로 유명한 브랜드인 투데이즈 스페셜(Today's Special)과 우리나라에서 '응 커피'라고 불리는 아라비카 커피(Arabica Coffee), 하트 로고로 유명한 꼼데가르송, 메종 키츠네와 같은 일본 유명 브랜드들도 모두 기온 시조에서 만나볼 수 있다. 천 년의 역사를 간직한 교토에서도 최신 일본 브랜드 제품들은 얼마든지 즐길 수 있다. 현대와 역사가 공존하는 도시가 바로 교토다.

교차로가 많은 이 기온 시조 거리에서 주의할 점이 있다면 바로 버스다. 각 버스 정류장마다 행선지가 달라서 잘 보고 타야 하는데, 이게 참 헷갈린다. B 정류장에서 표지판을 보고 "아, C 정류장에서 타면 집에 갈 수 있겠구나!"라며 C 정류장으로 가려고 하는데 이게 참 방향이 어딘지 헷갈린다. 지도로 보면 명백한데! 아마 내가 길눈이 어두워서 그런지도 모르겠다. 분명 C 정류장에 갔다고 생각했는데 도착해보면 A 정류장! 이런 식으로 버스정류장 사이를 오가면서 30분 넘게 길을 헤맨 적도 있다.

혹시 교토를 갈 때 '기온은 2~3시간 정도만 구경하자'라고 생각하는 사람이 있다면, 조금 더 고려해 보길 바란다. 쇼핑에 흥미가 없다면 가능할지 모르지만 야사카 신사부터 시작되는 기온의 거리를 모두 즐기며 쇼핑까지 하려면 4~5시간은 생각해야 한다.

낮 2~3시부터 구경하기 시작해서 저녁노을이 지는 산조 다리 풍

경 감상하기도 추천한다. 가모가와의 강바람을 맞으며 여유롭게 다리를 건너는 타임슬립을 즐겨보자.

헤이안 신궁

운영 시간 6:00 ~ 17:00 **신엔 운영 시간** 8:30 ~ 16:30 (계절에 따라 마감 시간이 조금씩 다름) **신엔 입장 요금** 대인 600엔 소인 300엔

기온 시라카와

야간 조명 기간 3월 말 ~ 4월 초 18:00 ~ 22:00

여행 Tip

기온 시조에서 추천하는 쇼핑몰은 BAL . 귀여운 생활잡화점이 많이 입점해 있다.

미니 여행 일본어 코너

平安神宮 (へいあんじんぐう, 헤이안 진구)	헤이안 신궁
祇園四条 (ぎおんしじょう, 기온시죠)	기온시조
ビールお願 (ねが)いします (비-루 오네가이시마스)	맥주 주세요
ホルモン焼 (や) き (호르몬야끼)	곱창구이

옛 귀족들의 별장지에서 즐기는 디지털 노마드

아라시야마

오늘은 약간 이상한 날이었다. 사실 어제도 버스를 잘못 타긴 했지만, 오늘은 버스를 잘못 탔다는 사실을 꽤 나중에야 알았다. 분명 구글이가 알려준 대로 탔는데 이상했다. 지금 생각해도 이상하다. 버스를 잘못 타서 240엔과 1시간을 날렸다. 흑흑. 아까운 내 돈과 시간….

목적지에 가기 위해 카츠라 역으로 갔다. 카츠라 역은 한산하고 조용한 작은 지하철역이었다. 화려한 교토역만 보다가 이렇게 작고 한산한 동네 지하철역을 보니 새삼 교토역이 크다는 걸 깨닫게 된다. 카츠라 역에서 표를 끊으려는데 지갑에 만 엔짜리 지폐밖에 없었다. 겸사겸사 롯데리아에서 치킨 한 조각을 사 먹고 잔돈을 획득했다. 다이어트 중이지만 어쩔 수 없다. 표를 끊고 한큐 아라시야마선 열차를 탔다.

그런데 열차가 좀 희한했다. 좌석이나 느낌이 전철이나 지하철이라기보다 기차에 가까웠다. 창문도 아주 컸다. 신기하게 생각하며 차창 밖을 바라보고 있었더니 뜻밖의 풍경이 펼쳐졌다. 벚꽃이다. 그것도 아주 많은 벚꽃! 마치 벚꽃 터널을 지나는 것처럼 철길 양옆으로 벚꽃길이 펼쳐져 있었다. 아름다웠다. 진해 군항제나 벚꽃 열차를 타 본 적은 없지만, 비슷한 느낌이 아닐까? 커다란 창문 밖으로 가득 펼쳐진 벚꽃길은 나름 길게 이어졌다.

열차를 타고 벚꽃 터널을 지나 다다른 곳은 아라시야마 역이었다. 헤이안 신궁이나 이곳저곳의 교토 풍경을 SNS나 네이버 포스트에 올렸더니, "아라시야마도 가보세요. 정말 좋은 곳이에요!"라는 댓글이 달려 호기심이 생겼다. 아라시야마? 어떤 곳이지? 산('야마'는 일본어로 산(山)을 의미한다)인가? 나 산 되게 싫어하는데? 라고 고개를 갸우뚱거리며 검색해보니 다행히도 등산 걱정은 안 해도 될 거 같은 사진들이 나타났다. 아라시야마는 일본 헤이안 시대에 귀족들의 별장지였다고 한다.

아라시야마 역은 카츠라 역보다도 작은 역이었다. 시골 휴양지에 있는 기차역 느낌이 물씬 풍겼다. 관광지로 유명한 곳이라 작지만 아기자기하게 꾸며 놓은 기차역이었다. 역 바로 앞에는 벚꽃들이 이곳저곳에 피어 있었다.

아라시야마의 주요 상점가는 도게츠교 주변이라는 정보를 얻어

도게츠교로 향했다. 가는 길은 벚꽃과 함께였다. 벚나무가 참 많았다. 도게츠교로 가는 길에 있는 공원 이곳저곳에서도 벚나무가 꽃을 피우고 있었다. 날씨는 쌀쌀했고, 하늘에는 먹구름이 가득했지만 비가 오지는 않았다. 많은 사람이 벚나무 아래에서 꽃놀이를 즐기고 있었다. 아라시야마의 벚나무를 찍기 위해 카메라 셔터를 눌렀지만, 먹구름 가득한 하늘 아래의 벚꽃 풍경만 남아 아쉬웠다.

공원을 지나 조금 더 가면 꽤 시원하게 펼쳐진 강이 나오고 강을 건널 수 있는 작은 다리가 나온다. 도게츠교는 아니었다. 하지만 다리 위에 펼쳐진 풍경이 장관이었다. 다리 입구에는 벚꽃이 피어 있었고, 건너편에는 카페처럼 보이는 작은 가게에 조명이 켜져 있으며, 시원한 강의 물줄기가 단차를 두고 쏟아지고 있었다. 그리고 산들이 병풍처럼 이 풍경들을 감싸고 있었다. 이것이 바로 초등학교 사회시간에 배운 '배산임수(背山臨水)'라는 거구나! 이렇게 시원한 강과 아름다운 산과 벚꽃을 볼 수 있다니. 어째서 이곳이 귀족들의 별장지였는지 단번에 이해할 수 있는 순간이었다.

잠시 경치를 감상하며 사진을 실컷 찍은 후, 다시 도게츠교로 향했다. 도게츠교로 가는 길에도 잠시 들르고 싶은 가게가 많이 있었는데, 나중에 둘러보기로 했다.

도게츠교는 아까 그 다리보다는 훨씬 길지만 흐르는 강과 풍경을 감상하다 보면 금방 건너게 된다. 도게츠교를 건너면 '아, 여기서부터구나!'라는 생각이 단번에 들 정도로 사람들이 많아지고,

길 양옆으로 늘어선 가게들이 보인다. 채소 절임을 파는 가게도 많고, 일본 전통 느낌이 나는 관광기념품을 파는 가게도 많았다.

사실 이곳에서 나의 목적은 따로 있었다. 그것은 바로 리락쿠마 카페! 나는 리락쿠마를 정~말 좋아한다! 캐릭터 상품 중에서는 리락쿠마를 제일 좋아한다. 그 생각 없는 표정을 보고 있으면 내 복잡한 머릿속도 어쩐지 텅텅 비는 듯한 느낌이 들어 참 좋다.

그래서 매력적인 상점가를 제치고 제일 먼저 리락쿠마 카페로 달려갔다. 가게 앞의 커다란 리락쿠마 모형들이 너무나도 귀여웠다. 가게 안으로 들어가니 리락쿠마 캐릭터 상품들이 가득했다!

1층은 캐릭터 상품 샵, 2층은 카페였다. 카페에서 리락쿠마 디저트를 즐겨볼까 했지만 대기 순번이 너무 많았기에 패스. 리락쿠마 상품 가게만 구경했다. 귀여운 리락쿠마를 잔뜩 구경하고 거리를 걷고 있었는데 빗방울이 떨어졌다. 이제 비가 오는 건가? 마침 출출해서 맛집이라고 소문난 요시무라 소바에 들어갔다. 대기하는 사람이 많아 걱정했는데 의외로 금방 들어갔다.

자리를 안내받아 운 좋게 바깥 풍경이 보이는 창가 자리에 앉아 소바를 먹을 수 있었다. 1인 손님이라 창가 자리를 안내해준 거 같기도 했다. 점원이 영어, 한국어, 중국어, 일본어 메뉴를 가져다주었다. 한국어 메뉴에는 사진이 첨부되어 있어서 일본어를 몰라도 쉽게 메뉴를 고를 수 있다. 메뉴가 다양하진 않았기에 제일 기본처럼 보이는 '아라시야마 요리'라는 메뉴를 주문했다. 음식을 기다리는 동안 비가 조금씩 떨어지는 창밖을 바라보았다.

음식은 금방 나왔다. 정갈한 소바 한 접시. 일본에서 정식으로 소바를 먹어본 적이 없었기에 교토에 오면 먹어보고 싶었다. 소바 소스에 채 썬 파와 고추냉이를 넣고 소바를 찍어 먹는다. 멍하니 찍어 먹고 있다 보니 어릴 때 집에서 엄마가 자주 만들어 주었던 소바가 생각났다. 우리는 소바 소스에 갈은 무와 고추냉이, 채 썬 파를 넣어서 먹었다. 어릴 때는 소바의 모양을 보고 속으로 별로 맛있을 거 같지 않다고 생각했는데, 엄마가 맛있게 먹는 걸 보고 한 입 먹기 시작했고, 정말 배가 가득 찰 때까지 먹었다.

이렇게 정겨운 추억이 있는 소바였지만 요시무라의 소바는 어쩐지 심심했다. 교토에 오기 전, 한국에서 평양냉면을 처음 먹어봤는데 그때의 느낌과 비슷했다. 자극적인 맛에 길들여진 내 입에는

밍밍하고 심심했다. 소바를 다 먹고 비가 계속 오는데 어떻게 할까 생각하다가 카페에 가보기로 했다. '응 커피'로 불리는 아라비카 커피가 요시무라 소바 근처에 있다는 걸 알고 그곳으로 향했다.

하지만 아라비아 커피에는 좌석이 거의 없었다. 테이크아웃 전문점 같았다. 게다가 테이크아웃 줄마저 매우 길었기에 포기했다. 나는 여행지에서 줄서기에 시간을 잘 쓰지 않는 편이다.

마침 번역일 마감도 다가오니 커피를 마시며 노트북으로 일할 수 있는 카페에 가고 싶었다. 비가 조금 멎을 때까지 일하면 되지 않을까? 머릿속으로 지금까지 지나쳐온 아라시야마의 전경을 떠올리다가 카페 하나가 떠올랐다. 분명 메뉴판에 Free-Wifi라고 되어 있었지! 한국과는 달리 원활한 와이파이 존이 많지 않은 교토였다. 바로 카페로 향했다.

내가 선택한 카페는 도게츠 카페(Togetsu cafe)였다. 도게츠교를 바라볼 수 있는 위치에 있어서 도게츠 카페인가? 도게츠라는 이름이 어쩐지 마음에 들었다. 건널 도(渡)에 달 월(月) 자를 써서 도게츠(달은 일본어로 '게츠' 또는 '츠키'라고 읽는다)라고 읽으니, 도게츠교는 '달을 건너는 다리'라는 뜻이다. 참 낭만적이기도 하지.

도게츠 카페에는 창문을 바라볼 수 있는 카운터 좌석이 많았다. 그리고 우리나라 스타벅스처럼 카운터 좌석에는 콘센트가 설치되어 있었다. 한국에서는 카페의 콘센트가 익숙하지만, 스타벅스에서조차 콘센트를 사용할 수 없는 경우가 많은 교토에서는 이렇게

콘센트를 사용할 수 있는 가게가 참 고맙다.

'콘센트' 하니까 도쿄 아키하바라에서 워킹홀리데이를 했을 때가 생각난다. 그때 나는 언제나 포켓와이파이와 핸드폰을 모두 휴대하고 다녔다. 핸드폰 충전을 깜빡하고 출근한다든가, 포켓와이파이의 배터리가 빨리 소모되는 경우가 종종 있었는데 그럴 때는 회사 휴게실에 있는 콘센트를 사용했다. 그런데 같은 한국인인 회사 선배가 "일본에서는 한국처럼 회사 콘센트로 충전을 하면 안 된다. 그건 실례다."라고 말하는 것이었다. 그때는 일본에 간 지 얼마 안 되어서 일본 문화에 대해 잘 몰랐는데 지금 생각해보면 남에게 민폐를 끼치는 걸 싫어하는 일본인들의 정서상 안 될 만도 했다.

이런 에피소드를 떠올리며 따뜻한 커피 한 잔을 주문하고 창가석에 자리를 잡았다. 에코백에서 노트북과 케이블을 꺼내고 핸드폰과 와이파이를 충전시켰다.

번역 프로그램을 켜고 키보드를 두드리며 일을 했다. 창밖으로 보이는 도게츠교를 물끄러미 바라보기도 하고, 벚꽃을 감상하기도 했다. 도게츠교를 오가는 사람들도 구경했다. 조용히 음악을 들으며 일을 조금 하고 있자니, 어쩐지 이 상황이 참 멋지다는 생각이 들었다. 귀족들의 별장지, 아름다운 아라시야마의 세련된 카페에서 창밖을 바라보며 번역일이라니. 어떤 드라마나 소설 속 한 장면 같네. 이것이 바로 디지털 노마드인가?

20분 정도 일하다 보니 비어 있던 옆자리에 고등학생처럼 보이는 귀여운 여학생 둘이 앉아있었다. 조곤조곤 귀여운 목소리로 수다를 떨다가 한 학생이 창문을 보고 말했다. "앗! 사쿠라후부키(桜吹雪, 벚꽃 꽃보라)!"

　그 한 마디에 나는 바로 고개를 들어 정면의 창문을 바라보았다. 정말이다. 창가 앞 작은 벚꽃 나무의 꽃잎들이 거센 바람을 맞아 잔뜩 휘몰아치며 떨어지고 있었다. 벚나무는 작았지만, 여기저기에서 바람을 타고 온 꽃잎들이 함께 뒤섞여 꽃보라가 일었다.

　예쁘다! 분명 태어나서 처음 보는 꽃보라는 아니었지만, 창문 가득 휩쓸고 간 꽃보라가 내 뇌리에 콕 박혔다.

　해가 저물고 어둑어둑해지자 가방을 챙겼다. 아라시야마 도게츠교에서 집까지는 한참이라 한숨이 나왔지만 어쩐지 아라시야마의 디지털노마드 라이프는 제대로 즐긴 거 같은 기분에 가슴이 뿌듯했다. 달이 나타난 어슴푸레한 아라시야마의 저녁 길을 걸어 집으로 향하는 발걸음이 가벼웠다.

도게츠 카페 (Togetsu Cafe)

영업 시간 11:00 ~ 19:00 (마지막 주문 19시) **정기휴일** 수요일(3월 말 ~ 4월 초 벚꽃 시즌, 11월 단풍 시즌, 7월 1일 ~ 9월 23일 여름 가마우지 낚시 시즌 제외) **시설** 무료 WiFi, 콘센트, 테라스석, 반려견 지정석

미니 여행 일본어 코너

嵐 (あらし, 아라시)	폭풍
山 (やま, 야마)	산
桜吹雪 (さくらふぶき, 사쿠라후부키)	벚꽃 꽃보라
月 (げつ, 게츠, つき, 츠키)	달
コンセント (콘센토)	콘센트

프리랜서라면 벚꽃 구경도 일과 함께

클램프 커피 사라사, 니조성

· 오늘은 조금 늦게 일어났다. 일어나기 전, 깼다가 다시 잠들기를 두세 번 반복했다. 그러다가 아침에 어느 번역 업체에서 번역 요청에 들어와 파일을 확인하기 위해 어쩔 수 없이 일어났다.

생각해보면 내 직업은 참 편리하다. 직장에 다녔다면 한 달 살기를 이렇게 쉽게 떠날 수 없었겠지. 물리적으로는 오로지 혼자 일하는 직업이니 홀쩍 떠나올 수 있었다. 인터넷이 가능하고 노트북만 있으면 어디서든 일할 수 있다. 사실 그렇기에 이 한 달의 교토는 '한 달 휴양'이 아닌 '한 달 살기'가 될 수 있었다. 온전히 교토에서 살면서 일까지 해야 하니까.

지난밤에 남편과 통화하며 이곳저곳을 돌아다니느라 바쁘다고 이야기했다. 그러자 남편은 도착하자마자 너무 한 번에 많은 곳을 가는 거 아니냐며, 나중에 쓸 이야기가 없어지면 어떻게 하냐는 걱정과 함께 무리하지 말라고 말해주었다. 맞다. 사실 교토에 도착한 날 이후로 관광과 번역일과 일기 등을 소화하느라 매일 새벽 3시에 잠을 자고 있다. 번역일은 하루에 약 3천 자씩(대략 A4용지 2장 반) 소화해내고 있다. 한국에서는 이렇게 열심히 살지 않았다. 아침에는 9시든 11시든 눈이 떠지는 대로 기상했고, 무분별하게 일하고 무분별하게 쉬었다. 하지만 교토의 호린은 한국에서보다 3배쯤 열심히 사는 챤또시타닝겐(ちゃんとした人間, 제대로 된 인간)이다.

한국에서는 가계부도 잘 안 쓰던 내가, 하루가 끝나면 오늘 쓴 돈을 정산하고, 아무리 피곤해도 일기를 꼬박꼬박 쓰며 설거지와 빨래는 되도록 바로바로 하고 있다. 어제의 일기는 거의 눈이 3분의 2쯤 감긴 채로 2분쯤 졸다가 다시 쓰고 3분 졸다가 다시 쓰는 식으로 이어가긴 했지만.

어쨌든 교토에서도 번역일은 계속해야 하니 파일 확인을 위해 어쩔 수 없이 침대에서 일어났다. 일단 아침을 먹어야겠다. 스파게티 소스로 스파게티를 만들어 먹으려 했는데 가스레인지에 불이 잘 안 켜졌다. 렌털 업체에 전화했더니 내일 아침에 점검하러 와준다고 한다. 어쩔 수 없이 즉석 잡곡밥과 슈퍼에서 산 비프 카레를 전자레인지에 데우고 샐러드를 만들었다.

밥을 먹으며 생각했다. 남편의 말도 일리가 있다. 이렇게 처음부터 관광에 열을 내다간 나중에 몸에 무리가 올지도 모른다. 나중에는 글감이 없으면 어떡하나 하는 걱정도 있었다. (대부분 그러하듯이 쓸데없는 걱정이었다) 아무튼 그래서 오늘부터 관광지는 하루에 한 곳만 돌아보기로 결정! 그리고 오늘의 목적지는 니조성이다. 마침 니조성에서 밤 벚꽃 축제를 열고 있다고 하니, 낮 동안 번역일을 처리하고 밤에 니조성에 가기로 했다.

이왕 일을 하는데 예쁜 카페에서 하면 좋을 거 같았다. 니조성 근처 카페를 검색했다. 니조성 근처의 무료 와이파이가 되고 충전을 할 수 있는 카페. 여러 가게 중 내 눈에 들어온 곳은 '클램프 커피 사라사(Clamp coffee SARASA)'였다.

클램프 커피 사라사

클램프 커피 사라사는 니조성에서 5분 정도 떨어진 한적한 곳에 있다. 길을 걷다 보면 작은 표지판이 나오는데, 그 표지판 위치에서 옆 골목으로 들어가면 된다. 이렇게 작은 골목에 유명한 카페가 있다는 게 신기했다. 장사하기에 뛰어난 입지는 아니었다.

사라사 카페 옆에는 생활용품점이 있었다. 내가 좋아하는 이이호시 유미코의 그릇도 있었고 귀여운 숟가락과 컵들이 눈에 들어왔다. 결혼 전에도 아기자기하고 깔끔한 생활용품들을 좋아했는데, 갓 결혼한 새댁이 되어 생활용품에 관심이 한층 더 높아져 있었다. 사고 싶은 것들이 아주 많았다.

하지만 오늘의 스케줄을 생각하면 쇼핑은 금물이다. 무거운 접시와 컵을 들고 밤의 니조성을 돌아볼 수는 없다. 쇼핑 욕구를 꾹 누르고 가게를 벗어나 사라사 카페로 향했다. 참새가 방앗간을 지나쳤다.

밖에서 본 사라사 카페는 무성한 초록이들에 둘러싸여 있었다. 잘 관리된 식물들이 아닌 무성하다는 말이 정말 잘 어울리는 상태로, 마치 정글처럼 가게를 뒤덮고 있었다. 여기 괜찮은 거 맞나 싶을 정도였다.

가게 안으로 들어갔다. 아름다운 바리스타가 커피를 내리는 모

습이 보였다. 약간 차갑고 도시적인 느낌의 미디움 단발 헤어 스타일을 하고 있었다. 날씨가 살짝 쌀쌀해서 따뜻한 커피를 주문했다. 그러자 원두를 선택하라고 안내해주었다. 에티오피아, 탄자니아, 르완다 등이 있었고 원두마다 다크, 미디움, 라이트라고 표기되어 있었다. 르완다를 주문했다.

커피를 기다리는 동안 오늘도 역시나 창가에 자리를 잡았다. 햇살이 너무 좋고 식물의 초록이 가득 느껴졌다. 골목 안쪽에 있는 카페라서 창문이 의미가 있나 싶었고, 창문 가득 식물들이 뻗어 있어서 창문의 존재 의의가 의심스러웠다. 그런데 웬걸, 햇빛이 창문을 가득 메웠고, 식물들의 초록빛이 근사한 분위기를 만들어 내고 있었다. 아주 멋진 창문이었다. 마치 일러스트 속 한 장면으로 나올 법한 큰 창가 자리에 앉아서 쏟아지는 햇빛을 감상했다. 지브리 애니메이션에 나올만한, 영화의 무대가 될 듯한 분위기이기도 했다. 여자 둘이 작은 카페를 소소하게 꾸려 나가는 그런 이야기?

일단 노트북을 꺼내고 배터리가 아슬아슬한 핸드폰을 충전했다. 직원에게 와이파이를 사용할 수 있냐고 물었더니 와이파이 아이디와 패스워드가 적힌 코팅지를 건네주었다. 브이로그 동영상을 위해 카메라도 세팅했다. (편집할 시간이 없어서 동영상 만들기에는 실패했다)

"방송하시나 봐요?"

옆자리에 앉은 분이 한국어로 말을 걸었다. 한국인이었다. 노트

북에 한 달의 교토 포스팅을 열어 두어서 한국인이라는 걸 알았나
보다.

"아뇨, 그냥 동영상만 찍으려고요."

"아 그렇구나."

겸연쩍게 카메라를 세팅하면서 그분과 몇 마디를 더 나누었다.
카페 개업을 고민하는 분이었고, 교토에는 카페 투어를 하러 왔다
고 한다. 어느 카페를 갈지 수첩에 세심하게 적어 두기까지 했다.

"어떤 커피 시켰어요?"

"아, 그냥 핫 드립 커피요."

"그냥 알아서 주는 건가요?"

말이 잠시 얽혔다. 어떤 원두를 골랐냐고 물어보는 말이었다.

"르완다요."

"아 저도 르완다인데…"

그가 다시 물었다.

"어떤 커피 좋아하세요?"

"저는 산미가 없는 거요. 그냥 고소한 거요."

"이거 엄청나게 신데…"

"헐…"

조금 기다리니 직원이 커피를 가져다주었다. 정말 신맛의 커피였다. 산미 가득한 커피를 마시면서 도대체 산미가 약한 커피를 마시려면 어떤 원두를 골라야 실패하지 않을까 잠시 고민해보았다. 그러고 보니 나는 커피를 물처럼 마시지만, 커피 원두에 대해서는 그다지 아는 바가 없다. 예가체프나 과테말라를 고르면 실패가 없는 정도?

옆자리 사람과 원두에 대해 잠시 대화한 뒤, 나는 일에 집중했다. 잠시 후에 그분은 인사를 꾸벅하고 나가셨다. '안녕! 카페를 개업한다면 잘 되길 바랄게요!'라고 마음속으로 말했다.

정말 추웠던 니조성의 밤 벚꽃 구경

아름답고 소담한 클램프 커피 사라사의 영업시간은 오후 5시 30분까지다. 아마 우리나라 카페가 오후 5시 30분에 영업을 종료하면 그 카페의 수명은 오래가지 못할 것이다. 대개 7시쯤 퇴근한 뒤에 카페에서 친한 사람들을 만나 담소를 나누는 경우가 많으니까.

교토 직장인들의 퇴근 시간도 분명 6~7시인데, 이상하게도 교토의 가게들은 저녁 6시쯤 문을 닫는 곳이 많다. 그 이유는 솔직히 잘 모른다. 잘 포장하자면 자신들의 서비스를 최고의 퀄리티로 제공할 수 있는 만큼만 제공하겠다는 것일 테고, 나쁘게 말하자면 찾아오는 고객을 배려하기보다는 자신만의 페이스를 유지하겠다는 고집일 지도 모른다. 생각해보면 자신만의 페이스를 고집할 수 있는 것도 상황이 되기 때문에 가능한 거 아닐까? 조금 부럽다.

사라사에서 짐을 챙겨 나왔다. 사라사에서 니조성은 가깝다. 마침 해가 서서히 지고 있었다. 밤 벚꽃을 제시간에 즐길 수 있을 거 같았다.

니조성의 커다란 해자를 따라 걷다 보면 매표소가 보인다. 니조성의 밤 벚꽃을 즐길 수 있는 기간이라 그런지 줄이 꽤 길어서 놀랐다. 저녁 바람이 차가웠다. 교토의 밤낮 기온 차에는 매일 깜짝 깜짝 놀라곤 한다. 어둑어둑해질 무렵, 매표소에서 줄을 서고 니조성의 정문인 히가시오오테몬(東大手門)을 구경했다. 줄 끝에 서 있을 때는 조명 없이도 히가시오오테몬이 잘 보였는데, 줄을 서는 동안 해가 금방 져버려서 표를 구매할 때쯤에는 완벽한 어둠 속에서 조명이 켜진 히가시오오테몬을 볼 수 있었다.

니조성에 대해 이야기하려면 역사 이야기를 해야 한다. 사실 교토에 관해 이야기할 때는 역사 이야기를 빼놓을 수 없다. 워낙 오래된 도시이고 천 년 동안 수도였던 곳이니 얼마나 많은 역사적인 사건들이 일어났을까! 눈으로 외형적인 아름다움만 감상하는 것도 좋지만, 관광지마다 얽혀 있는 이야기들을 알고 나면 그 장소가 더 색다르고 의미 있게 보이기도 한다.

오사카에 그 유명한 오사카성이 있다면, 교토에는 니조성이 있다. 오사카 성만큼 유명하거나 커다란 성은 아니지만, 니조성도 역사적으로 의미가 깊은 성이다. 오사카성이 임진왜란을 일으킨 도요토미 히데요시(豊富秀吉)와 연관이 깊은 곳이라면, 니조성은 도요토미 히데요시 이후에 일본의 패권을 쥔 도쿠가와 이에야스(德川家康)와 깊은 인연이 있다. 여기서 잠깐, 도요토미 히데요시는 들어본 적이 있는데 도쿠가와 이에야스는 누구인지 모르는 분들을 위해 보충 설명을 더 하겠다.

대략 조선의 연산군이 폭정을 휘두르던 시대부터 임진왜란이 일어나는 세월이 흐를 동안 일본에서는 전국시대가 펼쳐지고 있었다. 일본 전국을 지배하던 무로마치 막부의 쇼군이 몰락한 뒤 지역별 영주들이 힘겨루기를 하게 된 것이다.

이 혼란스러운 시기에 전국시대 통일에 큰 영향을 미친 3명의 장수가 등장했는데 바로 오다 노부나가, 도쿠가와 이에야스, 도요토미 히데요시였다. 이 혼란스러운 시대에 처음으로 일본 통일의 기반을 마련한 사람은 오다 노부나가였다. 도요토미 히데요시는 오다 노부나가의 부하였으며, 도쿠가와 이에야스도 오다 노부나가 쪽의 사람이었다.

이 세 사람이 등장한 시기에 여러 가지 복잡한 사정들이 많았고 수많은 사건이 일어났는데, 결론만 요약해서 말하자면 오다 노부나가가 일본을 통일하려 했으나 아케치 미츠히데라는 부하에게 배반당해 죽었다. 그 이후 도요토미 히데요시가 집권하여 오사카 성을 짓고 일본을 통일한 뒤 임진왜란을 일으켰으나 패배하고 병에 걸려서 죽는다. 일본을 통일한 도요토미 히데요시가 죽자 그 아들이 후계자가 되었는데, 도요토미 히데요시의 부하였던 다이묘(성주)들 사이에 분쟁이 일어났고 도쿠가와 군과 도요토미 군으로 편이 갈라지면서 세키가하라 전투가 발발, 결국 도쿠가와 이에야스가 승리하면서 에도 막부 시대가 열렸다.

이렇게 에도 막부의 문을 연 도쿠가와 이야에스는 수도인 교토에서 자신이 거처할 성을 지었는데, 그것이 바로 이 니조성이다. 하지만 실제 모든 업무는 지금의 도쿄에 있는 에도성에서 이루어졌고, 니조성은 에도 막부의 교토 관련 행사가 있을 때만 종종 사용되었다고 한다.

니조성은 260년 동안 이어진 에도 막부의 마지막도 함께했다. 1867년, 마지막 쇼군인 도쿠가와 요시노부가 왕에게 일본의 통치권을 반납하는 대정봉환이 니조성에서 시행되었다. 대정봉환 이후 메이지 유신이 일어나 일본의 근대화가 진행되었으니 역사적인 장소라고 할 수 있다.

인파가 우르르 가는 길을 그대로 따라가니 커다란 문이 나왔다. 사람들이 문 앞에 멀찍이 떨어져 몰려 있길래 무슨 구경거리가 있

나 궁금했다. 그런데… 앗! 벚꽃이다! 놀랍게도 문에 벚꽃이 흘러내리고 있었다. 빔프로젝터로 벚꽃이 휘날리고 지는 영상이 문에 투영되고 있었다. 음악도 함께여서 구경하는 재미가 있었다. 영상이 두세 번 반복되는 것을 가만히 지켜보며 세심한 연출에 감탄했다.

아름다운 가로수 불빛 아래를 걸어가면 벚꽃 가득한 정원이 나온다. 불빛을 활용한 조형물들도 있었다. 사람들은 연신 서로를 찍으려고 바빴다. 날씨가 추웠지만 벚꽃이 아름다우니 괜찮았다. 여기도 벚꽃, 저기도 벚꽃이었다. 특히 연못 너머 불을 환하게 밝힌 건물과 벚꽃은 정말 아름다웠다. 이 풍경 덕분에 입장료 600엔이 전혀 아깝지 않았다!

실제로 보는 니조성의 밤 벚꽃은 정말 눈물 나오게 아름다웠고 외국인들이 생각하는 일본의 벚꽃 판타지를 200% 채워주고도 남을 만 했지만 몇 가지 문제가 있었다. 일단 이 아름다움을 카메라에 담기 어렵다는 것! 사진을 아무리 잔뜩 찍어도 유령 같은 벚꽃들만 찍혀서 아쉬웠다. 혹시 4월에 교토에 간다면 꼭 니조성 밤 벚꽃을 보아주시길. 그리고 내가 어째서 아쉬워하는지 알아주시길…. 또 다른 문제는 교토의 일교차가 매우 크다는 점이었다. 낮과는 비교도 안 되게 너무너무 추웠다! 교토는 분지여서 3~4월의 일교차가 15도쯤 나는 경우도 있다고 한다.

밤 벚꽃놀이 코스 중에는 작은 노점들이 늘어선 코너도 있었다.

야키소바와 타코야키, 가라아게(닭튀김) 등을 팔고 있었다. 너무너무 추웠기에 따뜻한 어묵을 시켰다. 하지만 어묵을 먹어도 추웠다. 정말 어마어마한 일교차였다. 따뜻한 어묵으로 몸을 살짝 데우고 조금 더 걸었더니 기념품 가게가 나왔다. 너무 추웠기에 기념품 가게에 들어가서 조금 구경하고 나머지를 더 돌아볼까 했는데….

메일이 한 통 왔다. 나와 거래하는 번역회사 PM(프로젝트 매니저)의 절규였다. 내용을 요약하자면 '이것 좀 지금! 당장! 번역해줘!'

어쩔 수 없이 기념품 가게에서 노트북을 펼쳐 PM이 보내준 파일을 번역했다. 그렇다. 노트북을 들고 다녔다. 무거웠다. 정신없이 번역하고 무사히 납품했더니 또 다른 PM에게서 연락이 왔다. '이거! 오늘 밤 10시까지!'

프리랜서의 애환이란 이런 걸까? 말이 좋아서 디지털 노마드지, 에도 막부의 처음과 끝을 함께한 역사적인 니조성의 기념품 가게에서 노트북을 펴고 번역일을 하게 될 줄은 누가 알았을까. 그래도 노트북을 가져온 보람이 있네. 작년엔 마카오 타워 전망대에서 메일을 보내느라 정신없었던 기억도 더불어 떠올랐다.

어쩔 수 없이 마감을 몇 시간 뒤로 살짝 미뤄 달라고 부탁했다. 나머지를 빨리 둘러보고 가야지. 그런데 어라, 바로 출구가 나왔다. 여러분, 기념품 가게는 출구 근처에 있답니다. 나머지 따윈 없었어요. 서둘러 집으로 걸음을 재촉했다. 너무 추웠다.

· ●

클램프 커피 사라사 (Clamp Coffee sarasa)

영업 시간 8:00 ~ 18:00 **정기 휴일** 수요일

니조성

운영 시간 8:45 ~ 16:00 (폐문 17:00) **휴관일** 1, 7, 8, 12월의 매주 화요일, 12월 26일 ~ 28일, 1월 1일 ~ 1월 3일 **입장료** 일반 620엔(전시수장관 관람료 200엔 별도) 중고등학생 350엔(전시수장관 관람료 포함) 초등학생 200엔(전시수장관 관람료 포함) 지하철 1일권 및 버스 1일권 이용시 100엔 할인 혜택

· ●

교토에서 BTS의 인기를 체감하다

프로 앤티크 컴 교토, 고켄시모, 블루보틀

• 아침 10시, 가스레인지를 점검하러 렌털업체에서 방문했다. 그런데 10초 만에 점검이 끝나고 가스레인지가 고쳐졌다. 놀랍게도 삼발이의 위치를 살짝 조정하니 불이 아주 잘 붙었다. 아주 조금 민망했다!

오사카와 교토의 더위 이야기를 익힌 들은바, 4월의 교토는 따뜻할 거라 생각해서 반소매 옷을 많이 챙겨왔는데 날씨가 꽤 추웠다. 온돌 문화가 아니기에 일본 집은 바닥 난방이 한국처럼 확실하게 깔려 있지 않아 기본적으로 냉기가 돈다. 그래서 집안에서도 춥다. 한층 더 한기가 느껴지는 날이었다.

커튼을 열어 밖을 보니 사람들이 우산을 들고 다니고 있었다. 비가 왔다. 경동 나비○과 귀○라○가 그리웠다. 며칠간 줄기차게 관광했으니 오늘은 찍어 놓은 동영상도 좀 편집하고, 다양한 잡일을 하려고 카페를 목적지로 잡았다. 그러면 어떤 카페를 갈 것인가?

구글에 검색해보니 'MSPC PRODUCT sort KYOTO'라는 곳이 나왔다. 숙소에서 지하철 세 정거장 거리였다. 일본식 백반 정식이 나오는 카페 근처 밥집도 찜해 두었다. 좋아, 오늘은 일단 카페에 가서 동영상 편집을 좀 하다가 밥을 먹고 다른 카페에 가 봐야지! 오늘은 카페 투어다.

엔틱샵 ; 프로 앤티크 컴 교토

지하철을 타고 카라스마오이케(烏丸御池) 역으로 갔다. 사실 며칠 내내 버스를 잘못 타서 돈을 날렸기 때문에 오늘은 버스랑 절교하기로 선언했다. 버스를 잘못 탄 건 내 잘못이긴 하지만 일단은 절교다. 지하철을 타니 앉을 자리도 꽤 있었다. 역시 지하철이 최고다.

카라스마오이케역에서 구글 지도가 안내하는 대로 걸어갔더니 꽤 한산한 골목이 나타났다. 홍대와 상수역 사이에 있는 한산한 골목 같은 느낌이었다. 가는 길에는 교토 문화 박물관과 교토 만화경 박물관이 있었다. 조금 기웃거리다가 그냥 지나가려는데 박물관 건너편에 눈에 띄는 가게가 있었다.

비가 오는 풍경 속 왠지 클래식한 느낌이 멋진 가게였다. 동그란 간판의 JAPANESE ANTIQUES 라는 글씨가 눈에 띄었다.

아, 앤틱 제품을 파는 가게인가보다! 호기심에 문을 열고 가게 안으로 들어갔다. 많은 그릇과 찻잔, 도자기들이 쌓여 있었다. 동영상을 조금 찍었더니 주인분이 사진은 안 된다고 곤란한 얼굴로 말씀하셨다. 죄송하다고 말씀드린 뒤 동영상을 삭제하고 카메라를 끄고 가방에 넣었다. 40대 중후반쯤 되어 보이는 꽤 스타일리시한 아저씨였다. 백 년은 되어 보이는 오래된 그릇과 찻잔들이 어찌나 신기하던지. 이렇게 세월의 흐름을 크게 점프한 물건들을 보면 신기하다. 크기와 모양이 제각각인 술잔들도 있었다.

숟가락만 한 아주 귀여운 잔도 있었고, 밥그릇만 한 술잔도 있었다. 크기와 무늬, 모양이 다 달랐다. 혹시 '이건 술잔이고, 저건 다른 용도인가?'라는 생각이 들어 주인아저씨에게 물어보니 큰 것도 작은 것도 모두 다 술잔이라고 답했다. 많이 마시고 싶을 땐 밥그릇만 한 걸 쓰고 조금씩 나눠 마시고 싶을 때는 작은 걸 쓰면 된다나?

한쪽에는 꽤 연식이 되어 보이는 흠집 난 술잔과 그릇이 진열되어 있었다. 나를 졸졸 따라다니던 주인아저씨가 말했다. "그건 긴츠기용이에요. 이것들로 직접 긴츠기를 하는 거죠."

여기서 잠깐, 긴츠기란 무엇인가? 긴츠기(金継ぎ)는 금 금(金)자에 이을 계(継)자를 쓴다. 일본 사람들은 예로부터 물건을 오래 쓰려고 노력했고, 물건이 고장 나거나 흠집이 나도 새로 구입하기보다는 고쳐 썼다고 한다. 심지어 깨진 그릇조차도 말이다! 이런 정신이 와비사비나 지금의 미니멀리즘에 영향을 주지 않았을까?

일본 사람들은 그릇이 깨지면 깨진 부분을 옻 등으로 이어 붙인 다음, 금 같은 금속의 가루로 색칠해서 수리했다고 하는데, 이것이

긴츠기다. 요새는 쉽게 긴츠기를 체험할 수 있는 키트 같은 것이 시중에 판매되고 있는데, 긴츠기를 하려면 깨진 도자기가 필요하므로 멀쩡한 도자기를 깨트린 다음 키트를 사서 긴츠기를 즐긴다는 이야기도 있다. 진정한 본말전도가 이것이 아닐까?

하지만 모든 제품이 일정한 모양으로 깨지진 않기에 만약에 다이소에서 천 원짜리 컵을 사서 일부러 깨트린 뒤 긴츠기를 하면 세상에서 하나뿐인 나만의 컵을 만들 수 있는 셈이다. 게다가 긴츠기를 통해 컵에 새겨지는 금빛 라인들은 참 아름답다. 취미로도 좋고 완성작도 아름답기에 많은 사람이 취미로 긴츠기를 즐기는 게 아닐까. 검색해보니 아이폰 액정이 깨진 부분을 긴츠기한 사진까지 있었다.

"이 가게에 긴츠기가 된 접시는 없나요?"

"네, 여기에는 없어요."

사실 나도 긴츠기를 자세히 관찰해본 적이 없기에 보고 싶었는데, 안타깝게도 가게에 긴츠기 된 접시는 없었다. 좀 더 둘러보고 있었더니 주인아저씨가 술잔의 밑바닥을 보여주며 "여기에 어느 시대의 접시인지 표시되어 있어요."라고 말해주었다. 주인아저씨가 보여준 그 술잔에는 메이지(明治)라는 표시가 붙어있었다. 메이지 시대(1868년~1912년)의 술잔이라니! 85세가 넘은 우리 할머니보다도 나이가 많은 술잔을 이렇게 아무런 보호막도 없이 막 팔아도 되는 건가요! 가격도 저렴했다. 기껏해야 3만 원이면 살 수 있는 정도였다. 누가 천년의 고도 교토 아니랄까 봐!

엔티크샵에서 2층의 고가구들까지 둘러본 뒤 꾸벅 인사를 하고 가게를 나왔다. 20세기 초반의 그릇이라도 하나 집어올까 고민했지만 그러기엔 내가 겁이 너무 많았다. 나는 평소에도 물건 하나하나에는 각각의 스토리가 깃들어있다고 생각하는 사람인데 20세기 초반의 접시라면 1, 2차 대전도 지나고 긴 세월을 겪었을 테니 내가 가져가기엔 세월의 무게가 엄두가 안 났다.

카라스마오이케 역 주변에는 이쁘고 특이한 가게들이 많았다. 갓 구운 빵 냄새를 풀풀 풍기는 근사한 인테리어의 빵집도 있었고, 색색의 비누를 파는 비누 가게도 있었다. 사람이 적은 한산한 거리라 걷기도 좋았다. 만약에 관광객들이 잘 가지 않는 카페에 가보고 싶다면 이곳을 추천한다. 곳곳에 꽤 근사해 보이는 카페들이 숨어있다.

예쁜 카페들의 유혹을 물리치고 원래 목적지인 MSPC product sort에 도착했다. 커다란 간판도 없고 언뜻 보면 패션 매장 같아서 그냥 지나칠 뻔했다. 가게 안에서 남성 패션용품을 판매하고 있어서 잘못 왔나 싶었는데 안쪽으로 들어가니 빙고, 근사한 공간이 나타났다.

정원이 보이는 내가 좋아하는 바 카페였다. 바닥은 다다미로 되어있었고 다리 밑이 뚫려 있어 다리를 내려놓을 수 있었다. 빗속을

뚫고 온 보람이 있다며 기분 좋게 음료를 주문하려고 했는데

"오늘은 휴무예요."

아, 어째선가요?

엄청나게 아쉬워하며 가게를 나왔다. 패션 매장은 운영 중이었지만 카페는 휴무였다. 바리스타가 쉬는 날이라나. 어쩔 수 없었다.

이렇게 된 거 찜해뒀던 일본식 백반 정식집으로 향했다. 하지만 이곳도 휴무였다. 오늘은 날이 아닌가 보다. 낙담하며 다른 목적지를 궁리하다가 블루보틀 커피에 가보기로 했다. 그렇다. 아직 이때는 블루보틀이 한국 상륙 전이었다! 겨우 한 달쯤 뒤에 성수역에 문을 열긴 했지만 인스타도 할 겸, 다음 목적지는 블루보틀로 정했다. 일단 지하철역으로 가자.

90년 된 전통 가옥 카페 고켄시모

역으로 향하던 중 이상하게도 건물 하나가 내 시선을 붙잡았다. 여긴 뭐 하는 곳일까? 문은 꼭 닫혀 있었고 입간판이 세워져 있었다. 조금 허름하고 오래되어 보이는 건물이었다. 교토에서는 흔한 분위기의 건물이었는데 괜히 이곳이 궁금해졌다. 가게 앞에 있는 메뉴판을 살펴보았는데 음식점인지 카페인지 확실히 알 수 없었다. 호기심 반 두려움 반으로 문을 열었다.

문을 열자 가게 안쪽에서 푸근한 인상의 50대 여성이 어서 오라며 맞아 주셨다. 신발장이 있으니 신발을 벗고 들어가는 건 알겠는

데… 어디로 들어가야 할지 알 수 없었다. 웃기게도 신발장이 있는 현관의 앞과 옆이 모두 문이었다! 어느 문을 열어야 하나요? 앞에 있는 문을 열어보니 약간 가정집 같은 방에 어린아이들과 엄마들이 있었다. 뭐지? 앨리스가 된 기분이었다.

이번에는 옆에 있는 문을 열고 들어갔다. 앗, 멋진 곳이다!

다다미가 깔려 있고 내가 좋아하는 기다란 카운터 자리가 있었다. 입구 반대편 문 너머에는 아주 작은 정원이 있었다.

바에 앉아 메뉴판을 유심히 보다가 따뜻한 커피를 주문했다. 아직은 추웠다. 30대로 보이는 여자 직원도 있었는데, 놀랍게도 커피를 주문하자 원두부터 갈기 시작했다. 핸드드립이었다. 처음에 안내해주었던 분도 같이 메뉴를 준비하기 시작했다.

원두 가는 소리를 들으며 가게 사진을 찍어도 되겠냐고 물었더

니 흔쾌히 허락해 주었다. 여기 멋진데! 마침 손님이 나밖에 없었다. 이렇게 멋진 곳에 왜 나밖에 없는 걸까? 이곳에 꽤 마음에 들었다.

예쁜 커피잔에 커피가 담겨 나왔다. 주문하지 않은 작은 디저트도 함께 나왔다. 일본에서는 따로 주문하지 않으면 밑반찬조차 나오지 않는 경우가 대부분이기에 고개를 갸우뚱거렸더니, 직원이 내 표정을 보고 "나이쇼노오야츠(内緒のおやつ, 비밀 디저트)!"라고 말했다. 손님이 나밖에 없으니 주는 거란다. 이런 행운이! 감동하면서 이 과자 이름이 무엇이냐고 물어보았다. '우키시마'라는 일본 전통 과자였다. "옛날에는 밀가루가 없었으니까, 밀가루를 전혀 사용하지 않은 디저트예요."라고 직원이 말했다. 한 입 먹어보니 약간 신맛도 느껴지고 묘한 맛이 느껴졌다. 마카롱보다 좀 더 가벼운 식감이었는데, 다도 체험에서 맛본 것처럼 한입 베어 물면 파사삭하는 식감이 느껴졌다. 신기했다.

사실 이런 곳에서 핸드드립을 맛볼 줄은 몰랐다. 기껏해야 에스프레소 머신으로 내리겠지 생각했는데, 아담하고 아늑한 가게에서 정성껏 원두부터 갈아 내어주는 핸드드립을 맛보니 몸과 마음이 따뜻해졌다.

"일본 분이세요?"

여직원이 물었다.

"아니요, 한국인이에요."

"우와, 일본어 굉장히 잘하시네요!"

"아뇨, 아직 많이 부족해요."

"아니에요, 전 한국어는 감사합니다 밖에 할 줄 몰라요!"

이런저런 얘기가 이어졌다. 한국에 관한 이야기가 주된 화제였다. 이것저것 얘기하던 중, 직원이 엄청 수줍지만 흥분된 목소리로 고백하듯이 말했다.

"저 BTS(방탄소년단) 엄청나게 좋아해요! 유튜브로 BTS 영상 많이 보고 있어요!"

앗, 뜻밖의 BTS. BTS가 미국 빌보드차트에 올랐고 해외에서 굉장한 인기를 얻고 있다는 이야기는 들었지만 이렇게 일본에서 일본인 BTS 팬을 직접 만나게 될 줄은 꿈에도 몰랐다! 내가 말했다.

"그렇군요! 제 사촌 동생도 BTS 팬이에요. 동생 덕분에 노래는 종종 들었어요. 그런데 요새 휴식기 아닌가요?"

"아, 내일모레 새 앨범이 나와요!"

카페 직원은 작년 MAMA 무대를 보았냐, 엄청나게 멋있었다, 그리고 또 멋진 영상이 있다며 쉴 새 없이 BTS에 관한 이야기를 했다. 20대 때 같이 방을 쓴 사촌 동생이 BTS 팬이라서 BTS의 멤버 누가 어떤 곡을 썼더라, 어떤 걸 좋아하더라는 정보를 많이 들었기에 대화를 이어 나갈 수 있었다.

알고 보니 그녀는 BTS 팬클럽까지 가입한 상태였다. 굉장하다. 직원은 BTS의 멤버 정국과 지민과 다른 멤버 한 명이 선보인 엄청나게 멋진 무대가 있다며 그 자리에서 유튜브를 틀어 내게 보여주었다. 다다미가 깔린 일본식의 아늑한 카페에 BTS의 음악이 울려 퍼졌다….

BTS의 IDOL 뮤비가 나왔을 때 사촌 동생이 쪼르르 달려와 화면을 들이미는 바람에 뮤직비디오를 시청 당한 적이 있는데, 그때의 데자뷔가 약간 느껴졌다. 혹시 내가 아미(방탄소년단 팬클럽 이름)가 될 팔자인가?

한바탕 BTS 이야기를 나눈 뒤 가게 사진을 몇 장 더 찍었다. 살펴보니 카페 안 이곳저곳에 아이들이 만든 일본 서예나 공예품 같은 걸 기간 한정으로 걸어 두고 있었다. 아까 방에 있던 아이들과 엄마들은 전시에 참여한 사람들 같았다.

작지만 소박한 정원, 아늑한 실내. 일본 분위기가 물씬 풍기는 인테리어. 알고 보니 90년 된 상인의 집을 개조해서 만든 카페라고 한다. 90년이나 된 건물이니 놀랄 만도 했지만, 몇백 년 된 전통과 역사를 지닌 건물과 가게와 물건을 실생활에서 너무 쉽게 만날 수 있는 교토이기에 어찌 보면 그리 놀랄 일도 아니었다. 나도 슬슬 교토에 적응하고 있는 건가? 90년 된 가게에서 따뜻한 핸드드립을 마시며 듣는 BTS는 아주 특별했다.

블루보틀

가게를 나와 블루보틀로 향했다. 전철을 타고 고이케역으로 갔다. 블루보틀은 난젠지 근처에 있었다. 역에서 밖으로 나갔더니 비가 내렸고, 꽤 괜찮은 벚꽃 길이 펼쳐져 있었다. 비에 젖은 벚나무를 따라 터벅터벅 걷다 보니 이 동네도 분위기가 참 좋았다. 철길을 사이에 두고 벚꽃이 피어 있었다. 비가 안 왔다면 철길을 걸어 산책할 수 있었을 텐데! 아쉬웠다.

계속 걷다가 길을 조금 헤맸다. 아무래도 지나친 거 같다. 조금 되돌아가니 파란색 병 마크가 그려진 간판이 보였다. 블루보틀이다. 일본식 가옥에 자리한 블루보틀. 미국 캘리포니아에 본점을 둔 커피 전문점이다.

블루보틀이 유명해진 이유는 무엇일까? 48시간 이내에 로스팅한 원두만 사용하는 블루보틀의 커피뿐만 아니라 블루보틀 브랜드 자체를 좋아하는 팬들도 많으며, 매장이 많지 않아 희귀성이 있다. SNS를 활발히 하는 편이지만, 인스타그램에 주력하지는 않아서 블루보틀이 유명하다는 것도 잘 모르고 있었다. 파란색 병 로고가 새겨진 커피잔을 올리면 인스타그램에서 '좋아요'를 많이 받는다고 한다.

건물은 두 개였다. 앞쪽 건물에서는 블루보틀 굿즈를 팔고 있었다. 뒤쪽이 커피를 마시는 카페였다. 팬층이 두터운 브랜드인 만큼 이곳에 오면 사람들이 블루보틀 로고가 새겨진 에코백이나 컵을 많이 구매해간다. 나도 귀여운 머그잔을 하나 구매했다.

카페 안에는 한국인과 중국인 관광객이 정말 많았다. 제일 추천

나 홀로 여행인데 누가 찍어줬냐고 묻는다면, 기특한 삼각대와 원격 촬영 기능에게 공을 돌리겠습니다.
참, 비를 맞을 수밖에 없었던 나의 캐논 G7X Mark2 카메라에게도요.

하는 메뉴는 오 라떼(Au lait)라고 해서 그 메뉴를 주문했다. 주문자 이름은 '호린'이라고 적었다. 스타벅스나 다른 카페와는 달리 블루보틀에서는 직원이 핸드드립 해서 커피를 내려주기에, 그 모습을 구경하는 재미도 있었다. 느린 커피라고 불릴만하다.

"호린 사마!" 커피가 나왔다.

맛있어 보이는 라테를 들고 자리를 찾았지만, 사람이 많아서 마땅히 앉을 만한 테이블이 없었다. 둘러보니 다른 사람들도 이곳저곳에 기대어 커피를 마시고 있었다. 이래서는 카페에서 컴퓨터로 작업은커녕 커피 마실 장소도 없겠는 걸. 곰곰이 생각하다 결국 건물 밖 벤치에 앉아 커피를 마셨다. 부드러운 라테가 공복감을 채워주며 몸을 따뜻하게 데워주었다. 지금은 서울에 세 개의 지점을 오픈한 블루보틀 커피. 애플이 감성을 내세워 마케팅하듯, 블루보틀도 감성을 내세운 카페라는 생각이 들었다. 느리긴 해도 손으로 천

천히 드립해야 파란 로고가 새겨진 종이컵에 담긴 맛있는 커피를 마실 수 있다. 한국 블루보틀 매장은 무료 와이파이와 콘센트도 지원하지 않는다고 한다. 빈말로라도 절대 편리하다고 말할 수 없지만, 그래도 주목을 받고 사람들이 줄을 선다. 참 신기한 컨셉이다.

프로 앤티크 컴 교토

영업 시간 12:00~20:00

고켄시모

영업 시간 12:00~19:30 휴일 부정기 휴무 신용카드 불가

블루보틀

영업 시간 8:00~18:00 난젠지 근처

미니 여행 일본어 코너

お名前 (おなまえ, 오나마에)	이름
雨 (あめ, 아메)	비
傘 (かさ, 카사)	우산
コーヒー (코-히-)	커피
ホットコーヒー (홋토 코-히-)	따뜻한 커피

시장 구경은 역시 식도락과 함께
니시키 시장

· 오늘은 특별한 일정이 없었다. 미뤄뒀던 번역일과 집안일을 하고 모처럼 일본에 왔으니 일본의 네일아트를 받을 생각이었다. 아, 그러고 보니 카메라!

실은 일본에 오기 전부터 카메라 액정의 나사 하나가 흔들거리더니 빠져버렸다. 액정을 연결하던 두 개의 나사 중에서 하나만 사라졌으니 큰일 있겠나 싶었는데 웬걸, 아침에 가방에서 꺼내 보니 화면을 지지하고 있던 나머지 나사 한 개까지 사라진 상태였다. 여태까지 카메라를 꽤 험하게 들고 다녔으니 이럴만한 걸까? 사진과 동영상을 찍고 나서 케이스 없이 가방 안에 쑤셔 넣기 일쑤였다.

구매한 지 1년밖에 되지 않았는데, 1년 전에 얼마나 큰마음을 먹고 이 카메라를 샀는지 그 기억을 잊은 지 오래였다. 다행히 성능상의 문제는 없었지만 이대로 액정을 덜렁거리며 들고 다닐 순 없었다. 아침에 일어나서 캐논 서비스 센터를 검색했고, 서비스 센터 근처의 네일아트샵을 예약했다.

캐논 서비스 센터는 여러 곳이 나왔으나 어쩐지 엉뚱한 곳을 구글이 자꾸 추천해주었다. 걷다 보니 캐논 서비스 센터에 도착했다. 구글에서 자꾸 여기를 추천해줘서 오긴 왔는데, 이 사무실이 서비스 센터인지 아닌지 조금 의문이 들었다. 노크를 해도 아무도 나오지 않았다. 자세히 사무실 앞의 간판을 보니 마케팅이라는 글자가 보였다. 수리 서비스는 안 하겠군. 마침 근처에 캐논 서포트 서비스라는 곳이 있어서 그곳으로 갔다. 초인종을 누르고 수리할 수 있냐고 물으니 일단 최소 1주일은 걸리며 여기서 접수하진 않는다고 했다. 어떻게 할까 고민하던 중 시계를 보니 네일샵 예약 시간이 얼마 남지 않았다. 수리 접수 절차를 밟기에는 시간이 부족해서 발걸음을 돌렸다.

하지만 네일샵 방문도 실패했다. 늦어서 택시를 타고 네일샵 주소에서 내렸는데 도통 네일샵을 찾을 수 없었다. 이렇게 시간만 허비하는 것보다는 뭐라도 먹자 싶었다. 구글 지도를 검색해보니 니시키 시장이 근처에 있었다. 그래, 오늘의 관광지는 니시키 시장이다! 커다란 재래시장이라고 들었기에 맛있는 음식이 많을 거라는 기대감에 부풀었다. 오늘은 많이 먹어야지.

니시키 시장

구글 지도를 따라 아케이드 상점가 안쪽으로 들어갔다. 상점가를 쭉 걷다 보니 錦(니시키)라는 간판이 보였다. 여기서부터가 니시키 시장이구나. 여태까지 지나왔던 상점가와 달리 길 폭이 매우 좁았다. 천천히 앞으로 나가며 양옆의 가게들을 둘러보았다.

채소절임과 떡 가게, 해산물을 파는 가게와 튀김 가게가 보였다. 시장 안에는 외국인이 정말 많았다. 솔직히 상인을 제외하면 일본인보다 외국인이 훨씬 많을 거 같았다. 우리나라 남대문 시장 같은 느낌이랄까? 우리나라 남대문 시장에는 칼국수를 먹으러 종종

가곤 했는데, 니시키 시장에도 일본인들이 즐겨 먹는 음식이 있을
까?

일단 먹으러 왔으니 뭐라도 빨리 먹고 싶었다. 지난번에 사 먹지
못한 사쿠라모치가 눈에 띄어서 사쿠라모치를 하나 사서 먹었다.
아직도 판매하는구나! 왜 도쿄에서는 4월에 사쿠라모치를 찾기
어려웠지? 애피타이저로 사쿠라모치를 먹었으니 점심 메뉴로 카
이센동(해산물 덮밥)을 먹을까? 하지만 이것저것 먹어보고 싶은데 카

이센동을 먹으면 한 그릇으로 배가 다
차지 않을까 하는 걱정에 초밥으로 메
뉴를 변경했다.

니시키 시장 초입에 있는 타치구이

(立ち食い, 서서 먹는) 초밥집, 히데(英). 작지만 아담한 가게 안으로 들어가니 길쭉한 바(bar)가 있고 의자는 없었다. 우리나라에서는 낯선 광경이지만, 교토에는 이렇게 서서 먹는 초밥집이 종종 있다. 단품으로 주문도 가능하기에 살짝 들러서 초밥 2피스와 맥주 한잔을 가볍게 먹을 수도 있고, 10피스, 12피스 짜리 본격적인 식사도 가능하다. 마치 패스트푸드점 같은 느낌 아닌가? 수제 패스트푸드 초밥.

자연스럽게 바 한편에 서서 메뉴판을 이리저리 살펴보았다. 여러 종류의 초밥 중 6피스에 1,200엔인 세트를 주문했다. 고등어 초밥이 포함되어 있었는데 고등어 초밥을 제대로 먹어본 기억이 없어서 내심 기대했다. 하이볼도 시켰다. 초밥집 메뉴판을 보다가 문득 일본에서 처음 혼자 이자카야에 갔을 때의 기억이 떠올랐다.

20대 중반, 도쿄로 워킹홀리데이를 떠났다. 그 당시의 나는 굉장히 일본어가 서툴러서 JLPT(일본어능력시험) N1은커녕 N2를 겨우 합격한 정도의 실력으로 무턱대고 워킹홀리데이를 떠났는데, 하루는 겁도 없이 혼자 도쿄 변두리 동네의 작은 이자카야에 갔다.

꾸벅 인사를 하고 들어가 자리를 잡고 앉았다. 무엇을 먹을지 고르려고 메뉴판을 보는데, 일본어 교재나 문제집에서는 본 적도 없는 일본어가 가득했다. 하긴, 문제집이나 교재에 방어, 도미, 연골 구이, 돼지 간, 고기 경단, 숙주나물 볶음 같은 단어는 잘 나오지 않으니 어찌 보면 당연한 일이다. 일본어 사전으로 모르는 단어를

검색해서 메뉴를 해석하면 되겠다는 생각에 한참 검색하고 있으
니 가게 마스터가 말을 걸어 친절하게 메뉴 하나하나를 알아듣기
쉽게 설명해주었던 기억이 났다.

먹음직스럽고 예쁘게 생긴 초밥 여섯 조각 나왔다. 아무래도 여
섯 조각으로 배가 차진 않을 거 같다는 생각에 내가 좋아하는 연어
초밥을 추가로 주문했다. 보통 초밥집은 2피스를 기본으로 내어주
는데, 이곳은 1피스도 주문할 수 있었다.

작은 가게 안에 서서 청량한 하이볼과 초밥을 먹으며, 최근 나
의 알코올 생활이 너무 과하지 않나 생각했다. 사실 교토에 온 이
후 밤에 꼭 한 캔씩 맥주를 마시고 있었다. 일본에는 정말 매력적
이고 맛있는 맥주가 많아서 어떤 맥주를 마실까 고르는 재미도 컸
다. 하지만 '맥주 마시며 하루 마무리하기'도 모자라 점심 식사 때

도 이렇게 하이볼을 마시다니. 뱃살이 더 늘어나지 않을까 어쩐지 염려된다고 생각하며 식사를 마쳤다.

깔끔하게 초밥으로 식사를 마쳤으니 이제 디저트를 먹을 차례다. 아까 들어갔던 길목에 오래되고 낡았지만 어쩐지 맛있을 거 같은 타코야키 집이 있던데….

타코야키 집은 매우 좁고 낡은 곳이었다. 매장이 아주 협소했기에 가게 안에서 먹을 수는 없었다. 일단 메뉴를 보고 파를 얹은 타코야키 6개를 주문했다. 가격은 200엔으로 저렴하다. 파를 듬뿍 얹은 커다란 타코야키를 받아 들고 가게 앞에 있는 간이 의자의 끄트머리에 살짝 걸터앉았다. 서양에서 온 외국인 일행이 내 옆에 앉았고, 몇 명은 내 앞에 서서 타코야키를 먹었다. 누군가가 언뜻 보면 일행으로 착각할 거 같았다.

타코야키라. 한국에서는 일부러 타코야키를 사 먹는 일은 거의 없었다. 타코야키를 싫어하지는 않지만, 일부러 사 먹기에는 조심스러운 음식이었다. 어릴 때 타코야키를 먹다가 흘러나온 뜨거운 반죽에 입을 데었는데, 그 일이 무서운 인상을 남겼기 때문일까? 그런데도 내가 지금 타코야키를 사 먹는 이유는 아무래도 '여행을 왔으니 그래도 그 고장 음식을 먹어야지!'라는 여행자 심리 때문일지도 모른다. 타코야키로 유명한 건 교토 옆 오사카이긴 하지만 말이다.

채소절임과 떡집, 꼬치구이 집이 즐비한 니시키 시장의 좁은 길을 따라 구경한 뒤 집으로 발길을 돌렸다. 아 맞다, 카메라. 버스를 타고 교토역으로 돌아오면서 카메라 수리점을 검색하니 카메라노기타무라(카메라의 기타무라)라는 곳이 나왔다. 교토역과 연결된 이세탄 백화점에 있어서 쉽게 방문했지만 공교롭게도 교토역 이세탄 백화점에 있는 카메라노기타무라는 애플 수리센터였다.

직원에게 카메라 수리를 문의하니 근처에 있는 다른 지점으로 안내해주었다. 그곳에서 다행히 카메라를 꺼내어 상담받기에 성공했다. 하지만 이것저것 상담해본 결과 카메라의 문제점을 진단하는 기간이 일주일, 수리 기간이 2주라는 이야기를 들었다. 총 3주. 한 달 살기가 끝날 무렵이다. 그래서는 한 달 살기의 추억을 카메라에 담을 수 없었다. 요도바시 카메라에 가서도 상담을 받아보았는데, 수리 기간이 일주일인 대신 수리비가 2만 5천 엔(약 28만 원)이라는 무시무시한 답변을 들었다. 차라리 새로 사는 게 낫겠다 싶었다. 어쩔 수 없이 오늘은 카메라 수리를 포기할 수밖에 없었다. 카메라에 대한 근심을 안고 규동이나 먹어야겠다며 스키야로 향했다.

- ●

니시키 시장
영업 시간 9:30 ~ 18:00 (가게에 따라 다를 수 있음)

히데(英)
영업 시간 평일 12:00 ~ 15:30 (16:00부터 휴식 시간), 18:00 ~ 21:00 (주문 마감 20:30) 토, 일, 공휴일에는 12:00 ~ 20:00 (주문 마감 19:30) **정기휴일** 수요일

여행 Tip
니시키 시장에는 스누피 카페가 있다

- ●

신선들의 별장인가 선녀들의 쉼터인가
기요미즈데라

· 어제 방문하지 못한 네일샵 예약
으로 아침을 시작했다. 예약 일시는 내일. 오늘의 스케줄이 빈다.
작은 식탁에서 아침을 먹으며 고민했다.

"오늘은 어디 가지?"

샐러드의 토마토를 포크로 찌르다가 문득 엊그제 출판사 대표
님과 나누었던 대화를 떠올렸다. 대표님은 사카모토 료마에 대해
말씀하셨다. 교토에는 료마의 유적지가 이곳저곳 있다는 이야기를
나누었지.

사카모토 료마를 아는가?

이 부분에서도 일본의 역사 이야기가 등장할 수밖에 없다. 그래
도 나름 재미있게 풀어 이야기하려 하니, 가볍게 읽어주시길.

서양 문물이 본격적으로 들어오기 시작하는 19세기 일본의 에
도 막부 말기, 일본 내에서 두 개의 세력이 대립한다. 하나는 도쿠
가와 이에야스부터 몇백 년 동안 실질적으로 일본을 통치해온 쇼
군을 중심으로 하는 '에도 막부 세력'. <은혼> 같은 여러 만화에 등
장한 신선조(신센구미, 유명 인물로는 히지카타 토시조, 오키타 소지 등이 있다)
가 이 세력 중 하나이다. 나머지 하나는 왕을 지지하며 통치 권한
이 왕에게 이양되어야 한다고 주장하는 '존왕양이 세력'이다. 대립
끝에 존왕양이파가 승리하였으며 이후에 일본의 근대화인 메이지

유신이 일어난다.

사카모토 료마는 존왕양이파의 한 사람이었는데, 1960년대에 출간된 시바 료타로의 소설 『료마가 간다』의 주인공으로 굉장한 인기를 얻게 되었다. 나도 일본학과 학생으로서 대학교 때 학교 도서관에서 『료마가 간다』와 『타올라라 검』을 빌려 재미있게 읽은 기억이 있기에 이름이 낯설게 느껴지진 않았다.

사카모토 료마는 현대 일본인들에게 사랑받고 있는 인물이다. 별별 앙케트에서 1위를 무수히 차지했는데, 「좋아하는 역사 속 인물 1위」, 「한 번이라도 좋으니 같이 술 마시고 싶은 역사상의 인물 1위」, 「일본의 역사를 바꾼 인물 1위」, 「업무나 가정 문제를 상담하고 싶은 역사상 인물 1위」 등으로 뽑혔다. 내가 좋아하는 일본의 가수 겸 배우, 후쿠야마 마사하루도 <료마전>이라는 사극에서 사카모토 료마 역을 맡은 적이 있다.

그래서 오늘은 료마 투어를 한 번 해볼까 하는 생각이 들었다. 교토에는 료마의 유적지가 많다고 한다. 인터넷으로 검색해보니 료젠 역사관이 나왔는데, 이곳에 사카모토 료마의 무덤이 있다고 한다. 나는 겁이 많은데 무덤이라… 다시 구글 지도를 바라보았다. 그리고 료젠 역사관 근처를 둘러보다가 눈에 띈 한자. '清水寺'.

앗! 매우 익숙한 한자다. 유명한 기요미즈데라가 바로 근처에 있었다. 알고 보니 걸어서 10분 거리였다. 오늘은 기요미즈데라와 료젠 역사관에 가볼까? 기요미즈데라는 니넨자카와 산넨자카로 이어져 있으니 그 동네도 다 둘러보면 되겠다.

이렇게 해서 오늘의 목적지는 기요미즈데라(清水寺)가 되었다. 우리나라 사람들에게는 '청수사'라고도 알려진 곳이다. 그러고 보니 교토 하면 모두 기요미즈데라를 빼놓지 않는데, 나는 어째서인지 기요미즈데라를 계속 미뤄두고 있었다. 한 달이라는 시간이 있으니 그 안에만 가면 되겠지 라는 생각도 있었지만, 어쩐지 기요미즈데라는 '제일 기대되고 재미있는 하이라이트'라는 생각에 아껴 두었던 마음도 있었다. 하지만 계속 미뤄두기만 해선 본전도 못 찾는 법. 오늘이 그 하이라이트의 날일지도 모르는 일이다.

기요미즈데라로 가는 버스 정거장인 기요미즈미치는 숙소에서 버스로 13분 정도 떨어져 있었다. 가까운 편이었다. 버스에서 내려 구글을 따라 쭉 가다가 관광객 인파와 마주쳤다. 수많은 중국인, 한국인, 서양인, 수학여행을 온 듯한 일본 중학생들, 일본인들이 있었다. 역시 연간 550만 명이 방문하는 유명한 관광지다웠다.

아참, 기요미즈데라를 가려면 고조자카 정류장에서 내리라는 안내가 많던데, 니넨자카와 산넨자카를 거쳐 기요미즈데라에 가려면 고조자카 정류장보다는 기요미즈미치 정류장에서 내리는 편이 내 경험에 따르면 더 수월했다.

버스정류장에서 내려 기요미즈미치의 경사길을 걷고 있자니 멀리서부터 커다란 탑이 보였다. 중학교 때 기요미즈데라에 온 적이 있지만 아주 어렴풋한 기억만 가진 나는, '저게 기요미즈데라인가?'라고 생각했다. 하지만 지도를 보아하니 기요미즈데라까지는 아직 조금 더 걸어야 했다. 오중탑에 가까이 가자 카메라맨과 리포터처럼 보이는 여자분이 오중탑을 보고 이야기하는 모습이 보였다. "이야~ 정말 큰 탑이죠? 우리나라에도 이렇게 큰 탑이 있었을 텐데!" 한국 사람들이었다! 여자분은 카메라를 향해 오중탑의 커다란 느낌을 전달하고 있었다. 이 오중탑은 고구려에서 건너온 사람들이 만든 호칸지라는 절의 오중탑이며, 교토에서 가장 오래된 목탑이라는 사실은 나중에 알게 되었다.

고즈넉한 교토 정취를 느끼며 걷고 있으니 어느새 니넨자카에 도착했다. 니넨자카는 산 위에 있는 고즈넉한 일본 전통 민속 마을 같은 느낌이었다. 이러한 느낌은 산넨자카까지 이어지는데, 산넨자카를 비롯한 이 일대는 전통 건축물 보존지구로 지정되어 있어

서 이러한 분위기가 유지될 수 있는 거 같다. 기온 거리와 마찬가지로 일본 전통 기념품을 파는 가게와 기모노 렌털점, 말차 아이스크림을 파는 곳이 많았다. 인기 관광지답게 관광객이 참 많았는데, 외국인뿐만 아니라 다른 지방에서 온 일본인도 무척 많아 보였다.

꽤 걸어 올라왔으니 조금 쉬었다 갈까? 미리 검색해본 바로는 니넨자카의 스타벅스는 일본 전통 가옥으로 되어있고 다다미가 깔려있다고 해서 그곳을 공략하려고 했다. 그런데 마침 아라시야마에서 가지 못한 '응 커피'가 눈앞에 보였다. 일부러 스타벅스를 찾아가는 것보다는 내친김에 응 커피에 들리는 게 낫겠지?

응 커피. 정식 명칭은 아라비카 커피다. 우리나라 사람들은 로고 (%) 때문에 응 커피라고도 부른다. 참 센스 있는 별명이다. 목조로 된 가게에 들어가니 이곳저곳에 % 로고가 눈에 띄었다. % 로고가 새겨진 굿즈도 팔고 있었다. 다행히 아라시야마와 달리 기요미즈데라 지점은 앉을 수 있는 좌석도 조금 있었다. 종이컵과 머그잔에 그려진 검은색의 귀여운 % 로고가 인상적이다. 멍하니 앉아 카페라테를 마셨다.

며칠 연속 계속 걷기만 했더니 다리가 너무 아팠다. 살이 빠졌겠지? 그래도 이런 경험을 언제 하겠어. 둘러보고 싶은 곳은 너무 많은데 이제 슬슬 몸이 안 따라주는 건가 싶었다. 하지만 한 달 동안 교토를 마음껏 관광할 이 소중한 기회를 놓칠 순 없으니 집에 가서 파스라도 덕지덕지 붙여야겠다.

다시 일어서서 기요미즈데라를 향해 힘차게 걸었다. 곧이어 산넨자카가 나타났다. 산넨자카. 일본어를 조금 아는 사람이라면 '니넨자카는 2년(일본어로 2년은 '니넨'이라고 읽는다)이고, 산넨자카는 3년(일본어로 '산넨'이라고 읽는다)인가?'라고 생각할 수 있을 거 같다. 틀린 건 아니다. 니넨자카는 二寧坂 또는 二年坂라고 쓰니까. 그런데 산넨자카가 재밌다. 산넨자카를 三年坂라고 표기하기도 하지만, 산넨자카의 정식 명칭은 三年坂가 아닌 産寧坂라고 한다. 산넨자카(産寧坂)의 산(産)은 출산, 산모 할 때의 '산'이다.

알고 보니 산넨자카는 기요미즈데라에 있는 순산을 기원하는 탑인 고야스노토(子安塔)와 관련이 있다고도 하고, 도요토미 히데요시의 정실부인인 네네가 아이를 갖기를 바라는 마음으로 이 언덕을 올라가 기요미즈데라에서 기도했기에 이런 이름이 붙었다는 속설도 있다.

어쨌든 지금 내게는 그게 중요한 게 아니다. 산넨자카에서 넘어지면 3년 안에 죽는다는 속설이 있다. 겁이 많은 나는 이런 거를 은근 신경 쓴다. 그냥 평범하게 계단을 올라가면 되는 일이지만, 인기 있는 관광지라서 사람이 꽤 많았다. 많은 인파에 끼여서 산넨자카를 올라가려니 혹여나 넘어지는 불상사가 일어날까 봐 걱정이 되었다.

하지만 다행히 나처럼 겁 많은 사람을 위한 대비책도 있었다. 산넨자카 계단 옆 가게에서는 표주박을 판다. 계단에서 넘어져도 표주박을 사면 액땜하여 살 수 있다고 한다. 가게 주인들이 많은 이들의 목숨을 구하고 있다. 몇백 엔에 목숨을 살 수 있다니, 안심이 된다.

북적이는 가게들 사이로 난 산넨자카 길을 따라 올라가면 드디어 붉은색 인왕문이 등장한다. 이제부터 기요미즈데라다.

오토와 산 중턱에 있는 기요미즈데라. 첫 느낌은 예상과는 달리 한눈에 담을 수 없을 정도로 엄청나게 화려하고 웅장하다거나 위압적이지 않았다. 그보다는 산 중턱에 자리 잡은 신선들의 별장 같은 느낌이랄까. 청초하면서도 귀여운 선녀가 떠오르는 곳이었다.

커다랗고 붉은 인왕문 앞에서 많은 사람이 아직 남아있는 벚꽃과 함께 사진을 찍고 있었다. 굉장한 포토스팟이다. 일단 표를 사서 안으로 입장해야겠다.

기요미즈데라에서 제일 인기 있는 곳은 역시 일본의 국보로 지정된 본당이다. 이 본당이 유명한 이유는, '기요미즈의 무대에서 뛰어내리다'라는 일본의 속담 때문이 아닐까 싶다. '기요미즈의 무대에서 뛰어내리다'라는 말은 '큰마음을 먹고 중대한 결단을 하다', '필사적인 각오로 일을 실행하다'라는 뜻이다. 기요미즈데라 본당에는 산을 내려다볼 수 있는 테라스 같은 곳이 있는데 속담 속의 '기요미즈의 무대'는 바로 이곳을 의미한다.

지상에서 높이 12m, 4층 빌딩 높이의 본당에서 뛰어내리다니. 왜 이런 속담이 나오게 되었을까? 실제로 일본 에도 시대에는 기

요미즈데라에서 종종 사람들이 뛰어내렸다고 한다. 무섭다! 뛰어내린 이유는 대부분 소원성취를 위해서였다고. 얼마나 간절한 소원이었으면 높이에 대한 공포를 이겨내고 뛰어내렸을까! 조금 무섭기도 하고, 신기하기도 했다.

이렇게 유명한 본당은 안타깝게도 현재 공사 중이다. 50년마다한 번씩 대규모 보수 공사를 하는데, 이번에도 2017년부터 공사가 시작되었다. 공사는 2020년 3월에 끝날 예정이라고 한다. 아마이 책이 나올 즈음 공사가 끝날 듯하다. 사실 교토에 가기 전에 많은 사람이 내게 "교토에 갔는데 기요미즈데라가 공사 중이어서 안들어갔어."라는 이야기를 했다. 인터넷에서도 '공사 중인데 입장할필요가 있나요?'라는 질문이 많았다. 이런 사람들의 궁금증 해결을 위해 한번 들어가 보았다.

결론부터 말하자면 기요미즈데라에는 본당만 있는 것이 아니다. 볼거리는 충분했다. 절 안쪽에서는 사람들이 불상 앞에서 기도를 하고 있었다. 내부에는 끊임없이 댕~ 하는 소리가 울렸는데, 사람들이 소원을 빌고 나서 커다란 항아리 같은 것을 솜 몽둥이로 쳐서 나는 소리였다.

한쪽에는 오미쿠지 뽑기(운세 뽑기)도 있었다. 다른 오미쿠지라면 별로 신경 안 썼겠지만 그래도 교토에서 제일 유명한 절인 기요미즈데라의 오미쿠지라니 왠지 궁금해서 뽑아보았다. 통을 흔들고 기다란 막대기를 뽑아 직원에게 주면, 번호에 맞는 오미쿠지를 건네준다.

결과는 길(吉)이었다. 내용을 읽어보니 '마음을 올바르게 쓰면 이익을 얻을 것이고 나쁘게 쓰면 되돌아올 것이다…' 뻔한 내용이긴 하지만 길이 나오니 기분이 편했다. 내심 대길(大吉)을 바라긴 했지만, 이 정도로도 내겐 충분하다.

안쪽으로 더 들어가면 기요미즈데라 안에 작은 신사가 있다. 지슈 신사(地主神社)다. 이곳은 사랑을 이뤄주는 신사로 유명하다. 그래서 부적도 연애 관련 부적밖에 없었다. 얼마 전에 결혼한 나와는 이제 관계가 없는 곳이지만 그래도 한번 들어가 보았다.

작은 신사에 수학여행을 온 듯 보이는 중학생 아이들이 북적북적했다. 신사 안에는 덩그러니 바위가 놓여 있었는데 그 주변에서 한 학생이 눈을 감고 있었고 선생님과 친구들이 "아니, 좀 더 앞쪽으로! 그래! 더 가도 돼!"라고 외치고 있었다. 뭘 하는 거지? 한 명이 끝나면 다른 한 명이 시도했다. 많은 일본인이 일행과 함께 이걸 하고 있었다.

표지판을 읽어보고 검색을 해보니 그 이유를 알 수 있었다. 이 바위는 사랑의 바위였다. 10m 정도 떨어진 맞은편에 똑같은 바위가 하나 더 있는데, 그 바위에서 눈을 감고 이 바위까지 무사히 걸어와 바위를 터치하면 사랑이 이루어진단다.

'청춘이구나, 좋다'라고 생각했는데 이번엔 나이 지긋해 보이는 아저씨가 눈을 감고 바위를 향해 걸어가고 있었다. 노년기의 사랑을 기원하는 걸까? 역시 사랑에는 나이도, 국경도 없군!

지슈 신사에서 내려와 기요미즈데라의 안내 표지판을 따라가보니 교토 시내 모습을 한눈에 내려다볼 수 있는 장소가 있었다.

교토타워도 보였다. 길을 따라 조금 더 걸어가면 기요미즈데라의 명물, 오토와 폭포(音羽の滝)가 나타난다. 사실 보이는 모습은 폭포라기보다는 물줄기에 가깝다.

이 폭포는 기요미즈데라 창건 이래 500년 동안 한 번도 마른 적이 없다고 한다. 세 가지 물줄기는 왼쪽부터 학업 성취, 중간은 연애, 오른쪽은 장수를 의미하며 원하는 물줄기를 마시면 소원을 이룰 수 있다고 한다. 세 물줄기 중에 1개만이 아닌 2, 3개를 마시면 부처님이 욕심이 과하다고 생각하여 효과가 나지 않는다고 한다. 세 가지 중에 하나만 마셔야 소원이 잘 이뤄진다고 하니 참고하도록 하자.

사람들을 따라 나도 오토와 폭포를 받아 마시기 위해 줄을 섰다. 내 뒤에 있는 일본 여자애들이 '저 도구 찝찝하지 않을까? 차라리

손에 따라 마실래'라는 수다를 떨었다. 하긴 이렇게 많은 사람이 마시는데 걱정이 될 만도 하다. 하지만 순서가 되어서 살펴보니, 폭포 물을 받아마시는 긴 국자는 자외선 멸균 장치의 도움을 받고 있었다. 대단하다. 역시 위생은 중요하다.

줄을 서서 오토와 폭포수의 '장수' 물줄기를 마셨다. 일부러 장수를 선택한 게 아니라 순서대로 가다 보니 장수를 마시게 되었다. 난 돌잡이 때도 실타래를 집었다는데 정말 장수할 운명일지도 모른다.

오토와 폭포를 지나 기요미즈데라 경내를 산책했다. 이곳저곳의 붉은 탑들이 벚꽃의 분홍색과 푸르른 자연과도 잘 어울렸다.

기요미즈데라를 다 둘러보고 니넨자카로 내려왔다. 그러고 보니 료젠 역사관을 놓쳤다. 한번 가볼까? 구글이의 안내를 따라 료젠

역사관으로 향했다. 하지만 도중에 발길을 다른 곳으로 돌리게 되었다. 여기서 몇 초밖에 걸리지 않는 니넨자카에는 사람들이 많아서 떠들썩한데 료젠 역사관으로 가는 골목에 들어서자마자 사람이 아무도 없었다. 어쩐지 이곳만 다른 세계 같았다.

결론을 말하자면 료젠 역사관에는 가지 못했다. 길은 찾을 수 있었지만 사람이 너무 없어서 어쩐지 스산한 느낌이었다. 게다가 료젠 역사관은 료젠 호국 신사 안에 있는데 료젠 호국 신사에는 2차 대전과 관련된 무덤이 많다고 해서 기분이 좀 그랬다. 소중한 시간인 만큼 되도록 밝고 긍정적인 추억만 만들고 싶었다. 그래서 오늘은 기요미즈데라 쪽만 보고 집으로 왔다는 이야기.

기요미즈데라
운영 시간 6:00 ~ 18:00 (연중 무휴) **입장 요금** 성인, 고등학생 400엔 중학생, 초등학생 200엔

비 오는 정원, 툇마루에서 마시는 차 한 잔

엔토쿠인

•••••••••••••••••••••• 비가 왔다. 오늘은 일요일. 분명 이곳저곳에 사람이 많을 것이다. 어제는 하루 동안 관광을 쉬면서 번역일을 했다. 아로마 마사지도 받았다. 너무 무리하지 말자는 생각이 들었다. 나는 교토를 즐기러 온 거지 전투적으로 관광하러 온 게 아니니까.

그래서 오늘은 뭘 할까? 나 홀로 한 달 살기라서 온전히 내가 모든 결정을 할 수 있다. 고민하다가 최 대표님(출판사 대표님)이 주신 잡지에서 본 '사찰에서 정원을 바라보며 차 마시기'라는 기사가 떠올랐다. 툇마루에서 차를 마시며 비 오는 정원을 감상해 보는 건 어떨까? 일요일이니 사람이 많아서 툇마루에 앉을 곳이 없지는 않을까? 라는 걱정이 조금 들었지만, 그 장면을 떠올리는 것만으로도 힐링 되는 느낌이라 일단 가보기로 했다.

교토에는 정원을 즐기며 차를 마실 수 있는 절이 몇 군데 있다. 제일 유명한 곳이 오하라(大原)에 위치한 산젠인(三千院)이다. 하지만 숙소가 있는 교토역에서 오하라까지는 꽤 거리가 있다. 조금 더 게으름을 피우며 검색하다가 집에서 20분 정도 거리에 있는 '엔토쿠인(圓德院)'이라는 곳을 발견했다. 좋아, 오늘의 목적지는 엔토쿠인이다.

일단 엔토쿠인에 가기 전에 밥을 먹고 싶었다. 엔토쿠인은 차를 마시는 곳이니 식사를 해결할 수는 없을 거야. 교토에 오면 오반자

이(교토 가정식)나 가이세키 요리를 먹어보고 싶었기에 일단 교토역 주변의 가이세키 요릿집으로 향했다. 하지만 안타깝게도 점심이라 가이세키는 제공하지 않아, 유바센 오반자이 세트를 주문했다. 그리고 서빙된 음식을 보고 바로 후회했다. 유바를 한 번도 먹어보지 않은 나는 유바가 무엇인지 잘 몰랐는데, 알고 보니 두유를 가열할 때 응고된 표면의 막이었다. 순두부보다도 훨씬 흐물거리는 느낌인 유바에 소스를 뿌려 한입 먹자마자 '이건 아닌데…'라는 생각이 들었다. 평소에 싫어하는 음식을 굳이 꼽아보라면 두부를 떠올리는 내 입맛과는 맞지 않는 음식이었다.

소중한 한 끼를 입에 맞지 않는 음식으로 배를 채운 건 우울한 일이었다. 조금 착잡해 하며 교토역 버스 정류장에서 버스를 탔다.

의외로 엔토쿠인은 기요미즈데라와 가까운 곳에 있었다. 기요미즈미치 정류장에서 내려 비 오는 분위기 좋은 길을 걸었다. 조금 큰 길에서 지도를 따라가다가 운치 있는 작은 골목 안으로 들어갔다. 사람이 적어 여기 관광지 맞아? 라는 생각이 들었다. 비가 와서 사람이 없는 건가? 여기가 맞나? 싶은 생각이 들었는데 조금 걸었더니 길 한쪽에 놓인 작은 등불이 보였다. '네네의 길', '고다이지'라고 쓰여 있었다. 여기가 맞았다. 등불이 놓인 곳으로 들어가니 상점이 나왔다. 그리고 도착한 엔토쿠인.

엔토쿠인

엔토쿠인은 고다이지(高台寺)라는 큰 절의 바로 옆에 있다. 그래서 고다이지와 함께 관람할 수 있는 세트 관람권을 판매한다. 오늘은 조금 쉴 겸 엔토쿠인만 보러 왔는데 세트권을 살 필요가 있을까 고민했지만, 입장하지 않는다면 다음에 올 때 써도 된다고 해서 세트권을 구매했다. 이 세트권을 구매하면 고다이지와 엔토쿠인, 미술관까지 모두 관람할 수 있다.

엔토쿠인에 대한 이야기를 하려면 먼저 고다이지를 언급해야한다. 엔토쿠인 옆에 있는 고다이지는 임진왜란을 일으킨 도요토미 히데요시의 아내, 네네가 남편이 죽은 후 불교에 귀의하여 '고다이인'이라는 법명을 받은 것을 기념하여 세워진 절이라고 한다. 그리고 엔토쿠인은 네네가 도요토미 히데요시와 살았던 후시미성의 저택과 정원을 옮겨온 곳이다. 저택은 훗날 다시 지어진 것이지만 정원은 400년 전 그대로 지금까지 남아있다.

자 그럼, 도요토미 히데요시와 네네에 대해 살짝 이야기해 보자. '임진왜란을 일으킨 나쁜 일본인!'으로 알려진 도요토미 히데요시는 전쟁을 일으키고 조선을 침략한 나쁜 일본인이 맞다. 그런데 그이외의 정보를 아는 사람은 많지 않다. 여기서 이야기가 나왔으니 그에 대한 정보를 조금 이야기해보겠다.

도요토미 히데요시는 원래 농민 출신이었다. 그는 일본 각 지역 영주들이 영토 다툼을 벌이던 전국시대에 많은 지역을 평정한 오다 노부나가의 부하였다. 일화에 따르면, 오다 노부나가가 추운 겨울날 어느 집을 방문해 신발을 벗어 두었는데 도요토미 히데요시가 신발이 차가워지지 않도록 품고 있었다고 한다. 이 일로 도요토미 히데요시는 오다 노부나가의 눈에 띄게 되었고, 그의 밑에서 활약하며 열심히 신분 상승을 했다. 오다 노부나가는 신분보다는 사람의 능력을 중시하는 사람이었기에 농민 출신임에도 불구하고 그를 등용했다고 한다.

이렇게 열심히 신분 상승을 했던 도요토미 히데요시와는 달리, 그의 아내가 된 네네는 히데요시보다 신분이 높은 가문의 양녀였다. 일설에 따르면, 오다 노부나가가 매사냥을 나갔다가 어느 집안의 부지에 들리게 되었는데, 마침 그곳에 있던 그 집안의 양녀인 네네가 오다 노부나가와 도요토미 히데요시에게 차를 대접했다고 한다. 그때 히데요시가 네네를 마음에 들어 하자 노부나가는 "네네와 결혼해라"라고 말했고, 둘은 결혼했다. 네네의 집안에서는 도요토미 히데요시의 신분이 낮다며 결혼을 심하게 반대했지만 무시하고 결혼을 강행했다.

이러한 네네와 도요토미 사이에는 자식이 없었다. 지난번 갔던 산넨자카도 네네가 아이를 가지기 위해 기도를 하던 길이라고 하는데, 결국 자식을 두지 못했다. 자식 대신이었던 건지, 네네는 도요토미 히데요시의 가신들과 조카들을 각별히 돌봤으나 도요토미 히데요시는 바람을 많이 피웠다고 전해진다. 네네는 자신들의 결혼을 주선해준 오다 노부나가에게 도요토미 히데요시의 바람기에 대해 한탄하는 편지를 보냈는데, 그때 노부나가가 네네에게 전한 편지 내용이 다음과 같다고 한다.

"그 머리 벗겨진 생쥐에게는 당신같이 멋진 여자가 아까워. 그 자식은 그것도 모르는 바보지. 당신은 정말 아름다운 여자야. 전에 봤을 때는 못 알아볼 정도로 더 아름다워졌더군. 그러니까 그런 일로 질투해선 안 돼. 격 떨어지잖아. 정실부인답게 당당하게 행동하고, 이 편지를 히데요시한테 보여줘."

이야기하자면 한도 끝도 없을 테니 엔토쿠인 이야기로 복귀!

엔토쿠인에서는 마침 선사(禪寺) 체험을 하고 있었다. 쉽게 말해

옛 일본 스님들이 하던 수행 체험이다. 아담한 건물 안으로 들어가보니 사람들이 책상에 앉아 뭔가에 열중하고 있었다.

도대체 저게 뭘까? 안내원에게 말을 걸었다.

"저기… 이건 뭐 하는 건가요?"

그러자 안내원이 기다렸다는 듯이 적극적이고 친절한 말투로 대답했다.

"아, 이건 미니 정원을 만드는 거예요. 정원을 만들며 정신을 수양하는 거죠. 옛날 스님들이 했던 수양 방법이에요."

"아하, 정원을 만드는 거군요! 이름이 뭐죠?"

"타쿠죠시로스나센비키예요."

"?????? 엄청나게 기네요!"

"하하하! 그렇죠! 정신 수양에 좋다고 하네요. 최근에는 정신 질환 치료나 정신 건강 관리에도 쓰인다고 해요!"

흥미로웠다. 타쿠죠시로스나센비키(卓上白砂線引き)! 한자를 풀어 해석해보면, '탁상 위의 흰 모래 선 긋기'라는 의미이다. 아는 사람 하나 없는 교토에서 혼자 생활한 지 10일째. 조금씩 외로움이 스며들고 있었다. 정신 건강 관리에 좋다고 하니 해봐야겠다.

까만색 틀에 하얀색 모래가루와 작은 돌멩이들이 있었다. 그리고 작은 쓰레받기와 작은 효자손 같은 도구가 있었다. 빈자리에 앉아 이전 사람이 만들어 놓은 정원을 일단 부쉈다. 부쉈다고 말해도 돌을 빼내고 모래를 정돈한 게 전부지만….

모래를 정돈하니 새하얀 세상이 펼쳐졌다. 이제 도구를 이용해 나만의 정원을 만들면 된다. 그런데 이게 꽤 어렵다. 막막하다.

"이거 꽤 어렵네~" 옆자리에 앉은 사람도 말했다. 마치 예전에 『프리랜서 번역가 수업』을 쓰기 위해 새하얀 한컴 오피스 화면을 열었을 때의 느낌과 비슷했다. 뭘 어디서부터 시작해야 하는 거지? 라는 막막함.

흰 모래 위에 돌을 놓는 것뿐인데 뭐 이리 어려울까. 일단 돌을 조심스레 놓아보았다. 내 맘대로 놓아도 되지만 '정원'이라는 테마가 정해져 있기에 정원답게 만들어야 한다. 어떻게 하지? 어떻게 하면 아름다운 정원이 될까? 고심한 끝에 내가 만든 정원은 아래와 같은 모습이다. 완성하고 보니 그럭저럭 만족스러웠다. 내 정원을 다 만들고 나서 이미 다 만들고 사람은 떠난, 비어 있는 옆자리

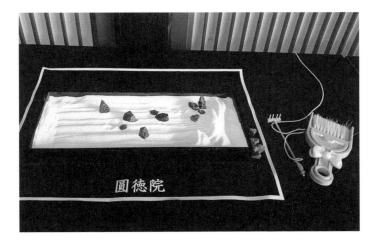

를 힐끗 보았다. 일정한 간격으로 X자를 그리며 돌이 놓인 정원이 보였다. 어쩐지 이 사람의 성격을 조금 알 것도 같았다.

체험을 하고 옆자리로 이동했다. 이번에는 불상에 절을 하는 체험이었다. 절을 할 생각은 없었는데, 안내문에 ドラゴン(드래곤)이라는 글씨가 보였다. 드래곤? 용? 용이 어딨지? 안내원에게 다시 질문 타임.

"저기… 안내문에 용이 있다고 하는데요… 용은 어디 있나요?"

"아, 용이요!"

안내원이 갑자기 불상 쪽으로 총총 걸어가, 불상 앞에 있는 문을 닫았다. 그러자 미닫이 문 전체에 화려한 백룡이 나타났다.

"짠, 백룡이죠?"

"와! 이거였군요!"

"네, 지금은 관광객에게 부처님을 보여드리려고 문을 열어 두었어요."

하얀색 용이 일본을 통일한 도요토미 히데요시를 나타내는 것이라고도 하고, 부처님의 설법 교화를 의미하는 그림이라고도 한다. 부처님이 있는 방 한쪽에는 엔토쿠인의 명물, 삼면대흑천이라는 불상의 미니어처가 있었다. 진짜 삼면대흑천은 건물 바깥에 있다고 한다.

그 옆 코너는 필사 코너였다. 불경의 한 구절을 필사하면서 자신이 원하는 걸 비는 것이었다. 각자 원하는 분야를 기원할 수 있도록 분야와 관련된 불경이 쓰여 있는 종이가 친절하게 준비되어 있었다. 원래라면 금전운 종이를 가져갔겠지만, 이번에는 업무운과 학업운 종이를 들었다.

필사 코너에는 이미 붓 펜이 준비되어 있었다. 붓 펜을 들고 한 자를 따라 쓰기 시작했다. 한 글자를 쓸 때마다 3번 절하는 효과가 있다고 한다. 안내원의 설명에 따르면 원래는 반야심경을 쓴다고 하는데, 이건 체험일 뿐이니 약식으로 짧게 즐길 수 있게 해놓았다고 한다.

필사를 완료하면 그 옆에는 참선 코너였다. 앉아서 가만히 참선 하면 되는 거 같았다. 나는 그냥 패스했다. 체험 코너를 지나 절이라기보단 저택에 가까운 느낌의 좁은 복도를 따라가면 넓은 정원과 툇마루가 등장한다. 툇마루에 앉아 차를 마실 수 있다는 안내문이 있었다. 오늘의 목표다. 힐링하며 차 마시기.

차는 두 종류였는데, 툇마루 바로 옆에 있는 작은 다실에서 마시는 차와 정원을 바라보며 툇마루(えんがわ)에서 마시는 차가 있었다. 다실에서 마시는 차는 1,500엔, 툇마루 차는 500엔이다.

안내원이 말했다.

"저기에 보이는 작은 다실에서 차를 즐기는 체험도 하실 수 있습니다."

"그렇군요. 다실이 작나요?"

"네. 정말 작지요. 저 입구로 들어가서 차를 즐기시는 거예요."

안내원의 설명에 다시 한번 뒤를 돌아보았다. 분명 저곳을 가리키는 거 같은데… 입구…? 입구가 어디 있지?

"저기 죄송한데… 입구가 어디인가요?"

"저기예요. 정말 작지요."

안내원이 다시 벽을 가리켰다. 하지만 아무리 봐도 문은 보이지 않았다.

"저기… 정말 죄송한데… 입구가…"

"저기 저 네모난 곳이랍니다."

난 그제야 안내원이 가리키는 작은 네모가 벽이 아니라 문이라는 걸 눈치챘다! 저게 문이었구나! 숨은 입구 찾기네!

"진짜 작네요!"

"그렇죠? 센노리큐가 만든 거랍니다. 다도로 유명한."

"센노리큐요? 앗 그런데…"

잠깐 머릿속이 혼란스러워졌다. 센노리큐가 이곳이 지어질 때까지 살았다는 건가?

참고로 센노리큐는 일본의 다성(茶聖)이라고 불리는 유명한 다도인이다. 도요토미 히데요시의 다도 선생이었다고 하며, 오다 노부나가와 도요토미 히데요시의 지원을 받았다고 한다. 현대의 미니멀리즘 책에 자주 인용되고 앞에서도 언급한 '와비사비'라는 말이 있는데, 센노리큐는 와비사비 정신을 담은 다도를 정립했다.

내 머릿속 지식에 따르면 센노리큐는 임진왜란 전에 죽었다. 이곳은 도요토미 히데요시 사후에 지어진 곳이니, 어쩐지 시간 순서가 맞지 않았다. 내가 다시 물었다.

"그럼 그때까지 센노리큐가 여기에 살았던 건가요?"

"앗, 그게 아니라 저렇게 작은 문의 '형식'을 리큐가 만든 거예요."

"아, 그렇군요!"

"네. 여기가 지어졌을 때는 센노리큐는 이미 할복한 뒤였지요."

'할복한 뒤였지요'라는 말과 함께 안내원이 손으로 칼을 쥐고 배를 가르는 제스처를 취했다. 제발 그러지 말아요! 겁이 많은 나는 그렇게까지 살벌하게 묘사할 필요는 없다고 말하고 싶었다.

센노리큐는 히데요시의 총애를 받았지만, 나중에는 그의 분노를 사서 할복을 명령받는다. 할복을 명령받은 이유는 여러 가지로 추정되고 있으나 '조선 침략을 반대해서'라는 설이 유력하다고 한다.

다실에 저렇게 작은 문을 만든 센노리큐의 와비사비 정신은 현대의 미니멀리즘에 영향을 주었다고 한다. 여기서 센노리큐의 와비사비 정신을 엿볼 수 있는 이야기를 잠깐 해보자.

센노리큐와 도요토미 히데요시가 살았던 시대에는 나팔꽃이 아주 귀했다고 한다. 어느 날, 센노리큐가 나팔꽃이 아주 많은 정원을 가꾸고 있다는 소문을 도요토미 히데요시가 듣게 되었다. 도요토미 히데요시는 센노리큐에게 나팔꽃을 보러 가도 되겠냐고 물었고, 센노리큐는 승낙했다. 다음날 도요토미 히데요시가 센노리큐의 집에 갔으나… 웬걸, 꽃대가 다 잘려져 있는 나팔꽃만 보일 뿐, 활짝 피어 있는 나팔꽃은 어디에도 없었다! 도요토미 히데요시는 화가 났다. 그런데 센노리큐 집에 있는 다실에 들어가니, 중국의 귀한 청동 그릇 위에 활짝 핀 나팔꽃 한 송이가 놓여 있었다고 한다.

　투박하고 조용한, 불완전함의 미학 와비사비. 겉치레보다는 본질에 집중하는 와비사비 정신을 생각해보면, 정원 가득 피어 있는 나팔꽃보다는 청동 그릇 위에 놓인 한 송이의 나팔꽃을 가만히 감상하는 것이 어쩌면 나팔꽃의 아름다움을 더 잘 느끼는 방법이라고 생각했을지 모른다. 다실도 궁금했지만 오늘의 목표는 '차를 마

시며 비 내리는 정원 감상하기'였으므로 툇마루에 앉아 차를 주문했다. 사람도 거의 없어서 툇마루 앞에 펼쳐진 정원을 독차지하는 기분이었다. 차분하게 작은 빗소리를 들으며 따뜻한 차와 과자를 먹고 정원을 바라보는 풍경. 아침에 잡지를 뒤적거리며 상상하고 기대했던 여유, 그 자체였다. 비에 젖은 나무와 바위가 참 좋았다.

　네네는 59세부터 78세까지 19년 동안 이곳에서 지냈다고 한다. 연못처럼 보이는 곳에는 원래 물이 있었는데, 후시미성에서 이곳으로 옮겨오면서 건식 정원으로 만들었다는 이야기를 안내원이 아주 열심히 해 주었다. 비 내리는 정원을 바라보며 생각했다.

　'남편과의 추억이 깃든 정원을 다른 성에서 그대로 옮겨올 수 있다니. 후시미성은 여기서 꽤 먼 곳에 있었다고 들은 거 같은데… 역시 권력이 최고다…'

이곳의 안내원들은 아주 열정적이고 적극적이었다. '뒷모습을 찍어주세요'라는 내 요구에 아주 다양한 각도에서 멋진 사진을 팡팡 찍어 주었다. 설명도 아주 상세했다. 엔토쿠인을 사람들에게 적극적으로 알리고 싶어 했다. 친절하고 적극적인 안내로 재미있는 이야기를 많이 들을 수 있었다.

차를 마시고 조금 멍하니 있다가 일어났다. 옆자리에는 10대 후반쯤 되어 보이는 푸른 눈의 외국인 여자가 나처럼 홀로 차를 마시고 있었다. '내 모습도 저렇게 특이했을까?'라는 생각을 하며 집으로 향했다. 집으로 가는 길에 고다이지를 구경할까 잠시 망설였지만 오늘은 무리하지 않기로 한다.

엔토쿠인은 신분이 무척 높은 귀부인이 노후에 지낼 저택으로 만들어진 곳이다. 그러니 어쩌면 이곳이 지어진 목적 자체가 힐링과 휴식일지도 모른다는 생각이 들었다. 조금 지쳐 있던 참에 아기자기한 체험을 하며 차를 마실 수 있었던 엔토쿠인은 마치 이번 여행의 쉬어 가기 코너 같았다.

· ●

엔토쿠인

영업 시간 10:00 ~ 17:00 **입장 요금** 대인 500엔 중학생 · 고등학생 200엔
고다이지 · 미술관 · 엔토쿠인 세트권 900엔

· ●

· ·

귀여운 여우와 고양이가 반겨주는 곳
후시미이나리

• 오늘 아침은 분리수거와 함께 시작했다. 분리수거 쓰레기를 1층에 버리려고 엘리베이터를 탔다. 엘리베이터에는 맨션 관리인처럼 보이는 아저씨가 이미 타고 있었다. 옷차림을 보고 관리인이라는 걸 알 수 있었다. 교토에 온 지 벌써 열흘이나 지났는데 관리인 아저씨를 만난 건 처음이었다. 인사를 해야 하나 말아야 하나 머뭇거리고 있는데 관리인 아저씨가 내가 두 손 가득 들고 있는 쓰레기봉투를 보고 말했다.

"앗, 재활용 쓰레기랑 타는 쓰레기(일본에서는 타는 쓰레기와 안 타는 쓰레기로 분류하여 쓰레기를 버린다)를 담는 봉투가 서로 바뀌었어. 봉투를 바꿔야 해. 타는 쓰레기는 반투명 봉투, 재활용 쓰레기는 투명 봉투야."

"헉, 그렇군요! 알겠습니다!"

"그리고 페트병 버리는 건 수요일이야."

"네, 알겠습니다!"

내가 실수했다는 걸 알고 서둘러 집으로 다시 올라갔다. 내가 사는 맨션에서는 각 지역에서 지정한 종량제 쓰레기봉투가 아닌 투명 봉투, 반투명 봉투로 쓰레기를 분류했다. 봉투를 열어 쓰레기를 다 쏟은 뒤, 페트병을 담아두었던 봉투에 타는 쓰레기를 눌러 담고, 페트병을 투명한 봉투에 담았다. 그리고 페트병은 수요일에 버리기 위해 집에 두고, 타는 쓰레기봉투만 갖고 다시 내려왔다.

휴, 알려주셔서 다행이다.

쓰레기 버리는 곳에는 아까 그 관리인 아저씨가 있었다. 관리인 아저씨는 내가 들고 있는 쓰레기 봉지를 보고 말했다.

"그래. 그렇게 버려야 해. 그리고 캔하고 플라스틱은 또 별도야."

"그래요?"

"응. 근데 캔하고 페트병은 수요일이야. 어디에 버리는 건지 알고 있어?"

"아뇨."

사실 여태까지 쓰레기가 많이 나오지 않았기에 한 번도 페트병과 캔을 버린 적이 없었다.

"여기가 아니라 저쪽 전신주 밑에 버려야 해."

"아 그렇군요."

"일본어 읽을 수 있어?"

"네. 읽을 수 있는데요."

관리인 아저씨가 분리수거 안내문을 가리키며 말했다.

"여기 봐봐. 이거 읽을 수 있어?"

"네. 플라스틱이잖아요."

"먼슬리(monthly)야?"

"네?"

"몇 호실이야? 605호?"

순간 당황했다. 아무도 모르는 타지에서 여자 혼자 여행 중이었기에 늘 약간 경계하고 있었다. 이곳에서 무슨 일이 벌어지기라도 하면 당장 나를 도와줄 수 있는 사람이 단 한 명도 없다는 불안감을 은연중에 느끼고 있었다. 그래서 몇 호실이냐고 묻는 말에, 순간 본능적으로 내가 사는 곳을 알려주고 싶지 않다는 방어 본능이 발동했다.

내가 얼버무리면서 말했다.

"605호실인가… 604호실인가…"

"뭐야 그게."

"아하하"

아저씨는 쓰레기 버리는 시간과 여러 가지를 안내해주었다(혼낸 거에 가깝지만). 나는 빨리 이 상황을 벗어나고 싶었다. 내가 "잘 이해했어요."라고 말하자 상황은 일단락되었고, 바로 버스정류장으로 향했다. 집에 가서 다시 한번 분리수거 안내문을 살펴봐야겠다고 생각했다.

버스는 만원이었다. 네이버 포스트에 매일 교토에서의 일기를 연재 중이었는데, 어느 친절한 분이 매월 15일에 교토 대학 옆의 햐쿠만벤(百万遍)이라는 절에서 플리마켓을 한다는 댓글을 달아 주셔서 그곳으로 향했다. 그런데,

띠링~ 메일이 왔다.

번역 회사에서 온 메일이었다. 낮 12시까지 파일 보내는 것을 깜

빡했다! 이때 시각이 오전 11:30. 바로 버스에서 내려 택시를 타고 집으로 돌아갔다. 덕분에 12시 이전에 파일 전송을 무사히 완료할 수 있었다. 플리마켓 가는데 참 여정이 많네… 라고 생각하며 또다시 버스를 타러 정류장으로 갔다.

버스 정류장에 도착하니 어떤 여자와 남자가 서로 당황스러워하며 이야기하는 모습이 보였다. 잠깐 지켜보니 그 상황을 얼추 알 수 있었다. 여자는 외국인이며 영어를 굉장히 잘했지만 일본어를 못 하고, 남자는 일본인이지만 영어가 서툴러 보였다. 이때 내 오지랖이 발동했다. 지금까지 관광 하면서 많은 사람의 도움을 받았기에 도와주고 싶었다. 물론 나도 영어는 못하지만 말이다.

"May I help you?"

그러자 그녀는 자신의 핸드폰을 보여주었다. 중국인인 듯 보였는데 영어가 굉장히 유창했다. 들리는 낱말들을 주워 맞춰보니 기요미즈데라에 가고 싶은데 여기서 버스를 타면 되냐는 말 같았다. 그래서 나도 짧은 영어로 여기서 ○○번 버스를 타고 기요미즈미치 정류장에서 내려서 걸어가면 된다고 이야기를 하고 싶었으나… 생각보다 영어가 힘들었다. 안 그래도 영어를 못하는데 이날 따라 평소보다 유독 영어를 알아듣기도 힘들었으며 말할 때도 영어 단어가 바로 생각나지 않았다. 다른 나라를 여행했을 때는 이것보단 영어를 잘했던 거 같은데…. 나는 'Please go to kiyomizumichi station with bus'라는 이상한 영어로라도 의사를 전달하고 싶었는

데, 내 입은 자꾸 'あの、バスに乗って…'라며 일본어를 말하고 있었다. 마치 뇌가 일본어 버전으로 스위치가 켜져 있는 상태에서 영어라는 스위치를 하나 더 켜려고 하니 '오류가 발생했습니다. 하나의 프로그램을 종료하고 다시 실행해 주세요'라는 신호를 받은 느낌이었다. 영어와 일본어를 둘 다 잘하면 애초에 무리가 없었겠지만, 외국에서 '너무 비싸요!' 따위만 외칠 수 있는 영어와 카페 직원과 BTS의 새 앨범에 대해 가볍게 이야기할 수 있는 수준의 일본어를 동시에 말하는 건 뭔가 어려웠다. 하긴 전에 코타키나발루에서 룸서비스를 시키면서 "Could you give me some ビール？"라고 말해서 친구가 웃은 적도 있었다.

생각해보니 마침 나와 같은 방향인 거 같았다. 같은 버스를 타도 된다고 판단했고, 겨우겨우 "일단 나랑 같이 버스를 타고 기요미즈미치에서 내리면 됩니다"라는 의사를 전달할 수 있었다.

또다시 사람이 많은 버스를 탔다. 그녀가 "You alone?"이라고 물었다. 그래서 "Yes, You alone?"이라고 되물었다. 그녀도 혼자여행 중인 거 같았다. 같이 기요미즈데라에 가지 않겠냐고 권했지만 나는 엊그제 다녀왔다고 말했다. 어제 갔던 엔토쿠인에 가보라고 추천해줄까 고민하는 사이 금세 그녀가 내릴 정류장이 다가왔다. 나는 핸드폰의 파파고를 실행하여 '만나서 즐거웠어요! 여기서 10분 정도 걸어가면 돼요! 즐거운 여행 되세요!'라고 쓰고 있었는데… 갑자기 등골이 서늘해졌다.

문득 내 지갑에 현재 만 엔짜리 지폐 한 장밖에 없다는 사실이 떠올랐기 때문이다.

앞에서도 한 번 이야기했으나, 이게 왜 무서운 일인지 다시 한번 천천히 설명해 보겠다. 교토의 버스는 우리나라와 달리 내릴 때 요금을 낸다. 내가 내야 할 버스요금은 230엔. 그런데 난 지금 만 엔짜리 지폐밖에 없다. 교토의 버스는 만 엔이나 오천 엔짜리 지폐를 받지 않으며, 천 엔짜리 지폐는 하차 전에 버스 앞쪽에 있는 동전 교환기로 미리 바꿔서 요금을 내야만 한다. 그래서 거스름돈도 주지 않는다. 단순히 생각해도 만약에 이대로 버스요금을 내려고 한다면, 우리나라에서 버스 기사님한테 10만 원짜리를 내밀며 '2,300원 빼고 나머지 97,700원 거슬러주세요!'라고 요청하는 어처구니없는 손님이 되는 상황이 벌어진다.

순간 엄청나게 머리를 굴렸다. 그리고 파파고에 이렇게 썼다.

"미안한데 내 버스 요금을 대신 내줄 수 있나요? 나는 지금 만 엔짜리 밖에 없어요. 당신과 같이 버스에서 내린 뒤, 돈을 바꾸어 반드시 요금을 돌려줄게요."

화면을 본 그녀는 산뜻한 미소로 "Sure!"이라고 말했다. 다행이다! 하지만 어쩌다 이렇게 된 걸까!

버스가 멈추어 섰다. 버스에서 내릴 때 그녀가 교통 패스로 보이는 카드를 꺼냈다. 하지만 그 카드는 안타깝게도 지하철 전용 카드였다. 위기였다. 나는 지하철 전용 카드라서 버스에서는 이용할 수 없다고 말해주었다. 그러자 천 엔짜리를 꺼냈다. 다행이다! 우리는 천 엔을 동전으로 바꾸고 드디어 요금을 낼 수 있었다.

버스에서 내려 그녀에게 'Thank you so much!'를 외쳤다. 그리고 서둘러 만 엔짜리 지폐를 깨기 위해 눈으로 주변을 살펴보았다. 하지만 마땅한 곳이 보이지 않았다. 심지어 편의점도 눈에 띄질 않았다. 산넨자카나 니넨자카까지는 언덕을 올라가야 한다. 당황하는 나를 보고 그녀가 말했다.

"돈은 안 줘도 돼. 데려다줘서 고마워. 만 엔은 나중에 잔돈으로 바꾸고, 다시 너의 길을 가도 돼!"

이런 착한 사람이 있나! 나는 다시 한번 감사하다고 인사했다. 정말 고마워! 근데 난 진짜 어쩌다 이렇게 된 걸까!

결국 기요미즈미치 주변을 어슬렁거리다가 우동 한 그릇을 시키고 만 엔짜리를 깼다. 가게에는 미안했지만 어쩔 수 없었다. 이대로라면 집에 갈 수도 없으니까. 기요미즈미치에서 다시 버스를 타

고 이젠 진짜 햐쿠만벤으로 향했다. 햐쿠만벤의 플리마켓에 도착하니 드디어 도착했다는 안도감이 들었다. 여기까지 오기까지 얼마나 험난한 여정이었던지… 정말 많은 사람이 액

세서리와 빵, 잡화와 수공예품을 판매하고 있었다. 사람들이 만들어내는 북적북적한 그 활기가 좋았다. 귀여운 물건도 잔뜩 있었다. 교토 사람들은 이런 걸 만드는구나. 귀엽다.

그런데 띠링. 다시 메일이 울렸다.

이번엔 또 무슨 일이야… 하고 열어보니 키요 언니였다.

키요 언니는 약 8년 전, 내가 도쿄에서 워킹홀리데이를 할 때 알게 된 일본인 친구다. 사실 워킹홀리데이를 마치고 한국에 돌아온 뒤 서서히 연락이 끊겨 최근 몇 년간은 연락하지 않은 상태였다. 하지만 교토에서 숙소를 구할 때 긴급연락처가 되어줄 현지 사람이 필요했다. 그래서 오랜만에 연락했는데 흔쾌히 부탁을 들어주었다.

키요 언니가 보내온 메일에는 이런 내용이 적혀 있었다.

"맨션 업체에서 쓰레기 분리수거에 대해서 잘 전달해달라고 메일이 왔어. 아래 메일과 첨부파일을 참고해 줘."

내용을 확인하고 순간 화가 났다. 분명 관리인 아저씨와 대화를 잘 나누었는데, 친구에게까지 연락한 게 불쾌했다. 여러 가지 생각이 들었다. 이후에 맨션 업체와 잘 이야기를 나누었지만, 당시에는 참 화가 났다. 조금 화가 난 상태로 다음 목적지인 후시미이나리로 향했다. 사실 후시미이나리는 내가 교토에서 제일가보고 싶었던 곳 중 하나인데 이렇게 열 받으면서 갈 줄은 몰랐다.

후시미이나리

후시미이나리역에 도착하면 빨간색 도리이가 곳곳에 눈에 띈다. 도리이가 빨간 이유는 여러 가지가 있는데 그중 하나는 빨간색에 악귀를 내쫓고 재앙을 막는 힘이 있어서라고 한다. 도리이는 인간 세계와 신불(신과 부처님) 세계의 경계라고 하는데 곳곳에 도리이가 있는 걸 보고 경계가 너무 많다고 생각했다.

그래도 날씨는 좋았고 빨간 후시미이나리는 예뻤다. 후시미이나리는 우리나라에서 '여우 신사'라고도 불리는데, 여우 동상이 많아서 그런 듯하다. 이렇게 여우가 많으니 후시미이나리가 여우신을 섬기는 신사라고 생각할 수도 있는데, 실은 이 여우들은 일본의 토착 신 중 하나인 '이나리 신'의 사자들이며 신이 아니라고 한다.

잘 보면 여우마다 입에 벼, 두루마기, 열쇠, 구슬을 물고 있다. 이것들은 각각 풍요, 부귀, 곳간의 열쇠, 소원 성취 등의 의미를 담고 있다.

후시미이나리 신사가 섬기는 이나리 신은 농경과 장사 번성을 관장하는 신이다. 일본 전국에 8만 개나 있는 신사 중에 무려 3만 개가 이나리 신을 모시는 이

나리 신사인데 이곳 후시미이나리 신사는 그 3만 개 신사들의 총본산, 즉 본거지다.

후시미이나리 신사의 하이라이트는 센본도리이다. 《게이샤의 추억》등 많은 영화에 나왔던 명소다. 센본도리이의 센은 1,000을 나타내는 한자인 千의 일본식 발음이며 센본도리이는 '천 개의 도리이'라는 뜻이다. 하지만 실제로 1,000개까지는 안 되고 2019년 현재 800여 개라고 한다.

영화 속처럼 사람이 아무도 없는 센본도리이의 고요한 모습을 촬영하고 싶었으나, 역시나 유명 관광지답게 센본도리이 길에는 사람이 무척 많았다. 국적과 나이를 불문하고 모두가 센본도리이 길을 따라 올라가고 있었다. 어느 구간에서는 도중에 걸음을 멈추면 뒷사람들에게 실례가 될 정도였다. 인파에 휩쓸리는 느낌이었다.

센본도리이 길은 등산로라 정상까지 올라가면 교토 남부의 전망을 볼 수 있다. 오전부터 일이 많아서 어수선했는데 이왕 온 거 잡념을 없애기 위해 정상까지 가보자는 기세로 올라갔다.

하지만 아니나 다를까, 마음먹은 지 30분 만에 포기하고 말았다. 역시 나다. 30분 동안 힘들게 올라간 뒤 안내 지도를 보니 여태까지 온 거리의 세배는 더 올라가야 정상이다. 난 이미 헉헉대고 있는데…. 지나가는 사람들이 센본도리이 길 정상까지 올라갔다가 내려오려면 2시간 정도 걸린다고 이야기했다. 도저히 무리다.

결국, 중간에 본존(불상이 있는 곳)으로 가는 길이 있어서 그쪽으로 빠져나갔다. 가는 길에 도리이를 하나하나 살펴보았다. 이 도리이들은 이루고 싶은 소원이 있거나 소원이 이루어져서 감사하는 뜻으로 하나씩 세운다고 한다. 아주 옛날에 지어졌을 거라 생각하기 쉽지만, 관광객들의 기대와는 다르게 이 도리이들 중에는 최근에 지어진 것들이 꽤 있다.

사진을 보면 알 수 있듯이 도리이마다 언제 누가 도리이를 봉납했는지가 적혀 있다. 도리이에 알파벳이 적혀 있는 것만으로도 먼 옛날의 물건이 아님을 알 수 있다.

옛 역사 속 유적처럼 보이는 이 도리이들은 지금도 돈만 내면 헌상이 가능하다. 뭔가 초치는 기분이지만 크기별로 가격도 다르고 위치에 따라서도 가격이 다르다. 제일 작은 크기는 175,000엔이며

개인도 도리이를 세울 수 있다고 하니, 사람들이 저마다 하나씩 세우다 보면 센본도리이(千本鳥居)라는 이름처럼 언젠가는 천 개에 도 달할지도 모른다.

본존으로 가는 길에는 작은 신사들이 있었다. 내 앞을 걷던 유카타를 입은 중국인 여성과 남성이 뭔가를 보며 즐겁게 이야기하고 있었다. 여자분이 "네코쨩!"이라고 외쳤다. 정말 고양이다! 귀여운 고양이를 보니 기분이 좋아졌다. 고양이는 귀엽다. 그런데 앞서 고양이를 보고 지나갔던 중국인 여자분이 갑자기 나에게 달려와 아래쪽을 손가락으로 가리키면서 또다시 말했다.

"네코쨩!"

그녀가 손으로 가리킨 곳에도 역시 고양이가 있었다. 친절하기도 하지! 맞아요, 고양이는 너무 귀엽죠! 우리는 방금 처음 만났지만, 고양이로 하나가 되었다. 고양이들을 보고 있자니 마음이 편안해졌다.

분명 본존으로 가던 길이었는데 길을 모두 내려왔더니 바로 카페가 보였다. 조금 쉬었다 가야겠다.

주문을 하고 카페를 둘러보니 안쪽에 실외 테라스 석이 있었다. 운치 있어 보여서 밖에서 커피를 마시기로 했다. 테라스 석에는 이

곳저곳에 흩날려 떨어진 벚꽃잎들이 있었다. 벚꽃은 거의 다 떨어
졌지만 아직도 날씨가 춥게 느껴졌다.

교토는 언제쯤 따뜻해질까. 아마 지구 온난화가 진행되지 않았
던 옛날에는 이것보다 더 추웠겠지.

커피를 마시며 혼자 기념 셀카를 찍으려고 카메라를 이곳저곳
에 놔보기도 하고 나름 궁리를 하고 있으니 옆자리에 앉아있던 라
틴계 남자분이 먼저 "Can I take a picture?"라고 물어봐 주셨다.
역시 관광객들은 친절해. 그의 도움으로 인증샷을 찍고 커피를 마
셨다. 추워.

후시미이나리는 귀여운 곳이었다. 귀여운 여우와 귀여운 고양이
들이 있는 곳. 귀여운 건 보기만 해도 기분이 좋아진다. 후시미이나
리의 여우가 유명한 것도 역시 귀엽기 때문이 아닐까. 어쩌면 《게
이샤의 추억》으로 유명한 센본도리이를 보러 왔다가 센본도리이
보다도 귀여운 여우 동상을 추억으로 남기고 가는 사람들이 은근

히 많을지도 모른다. 여행 후에 "센본도리이도 멋졌지만 역시 여우가 인상 깊었어"라고 일기에 쓴다든가.

어쩐지 혼란스러운 하루였지만 그나마 후시미이나리의 귀여운 고양이와 여우 덕분에 일정을 즐겁게 마무리할 수 있었다.

- ●

후시미이나리

운영 시간 24시간 **입장 요금** 없음

여행 Tip

나는 가보지 못했지만 근처에 450년 동안 이어져 온 장어 덮밥집, '네자메야'가 있다고 하니 참고하도록 하자.

- ●

미니 여행 일본어 코너

猫 (ねこ, 네코)	고양이
狐 (きつね, 키츠네)	여우

한가롭고 평화로운 옛 궁궐에서 보낸 오후

교토고쇼

교토고쇼(京都御所)로 가는 길은 멀었다. 숙소가 교토역 부근이라 대부분의 관광지는 교토역에서 버스로 환승 없이 갈 수 있다. 하지만 교토고쇼로 가는 버스는 한 번 갈아타야만 갈 수 있었다.

사실 이제서야 버스 정기권을 끊었기 때문에 되도록 지하철은 타고 싶지 않았다. 처음에는 교토의 버스나 지하철 월정액 정기권은 출퇴근 증빙이나 통학 증빙을 해야 한다고 알고 있었다. 그런데 제대로 조사해보니 한 달짜리 관광도 정기권을 살 수 있었다. 이걸 어제 알다니! 왜 이제야 알았을까! 한 달 살기의 거의 절반에 가까운 12일 차가 되고 나서야 버스 정기권을 끊다니. 그동안 버스에 투자한 돈이 아까웠다. 초반에는 심지어 버스를 몇 번이나 잘못 타는 바람에 허공에 날려버린 돈이 꽤 많았다. 버스비가 편도로 보통 210엔(약 2,300원)이라는 것을 생각해보면, 식사 몇 끼 값은 날린 셈이다. 그래서 어제 교토역 앞에서 버스 정기권을 살 때 고민을 많이 했다. 20일 남짓 남은 여행인데 지금 버스 정기권을 사도 이득인 걸까? 속으로 계산해보았다.

20일 동안 하루에 한 번 버스로 왕복한다고 치면…

편도 210엔 × 2 = 왕복 420엔. 420엔 × 20일 = 8,400엔. 내가 구매하려고 하는 정기권은 9,660엔. 1,200엔의 차이가 있다. 하지만 버스를 타고 멀리까지 나가면 210엔이 아닌 230엔을 내야 하는 구간도 있고, 이전처럼 버스를 잘못 타는 일이 앞으로는 전혀 없을 거라 생각할 수도 없으며, 하루에 한 군데 이상 돌아다닐 수도 있다. 동전이 없어서 당황하는 일이 생기는 것도 곤란하다. 결국, 정기권을 구매하기로 했다.

그렇게 구매한 버스 정기권. 이왕 구매했으니 앞으로는 웬만하면 지하철이 아닌 버스를 타기로 다짐했다. 교토고쇼까지 가는 길에는 버스를 갈아타야 했다. 나름 꼼꼼히 인터넷으로 경로를 검색하고 버스를 탔는데…. 아차, 또 버스를 잘못 탔다!

여기서 잠깐! 내가 왜 자꾸 버스를 잘못 타는 건지 나름대로 변명해보고 싶다. 내가 버스를 자꾸 잘못 타는 이유는, 만약에 '카라스마나나조'라는 버스 정류장이 있다고 하자. 이 카라스마나나조 정류장은 1개가 아니다. 사거리에 있는 버스 정류장 중 여러 개가 카라스마나나조 정류장이다. 하지만 웃기게도 가는 목적지가 다 다르다.

그래서 구글의 도움을 받아 카라스마나나조 버스정류장에서 버스를 기다리려고 해도 몇 개의 카라스마나나조 중에서 어느 카라스마나나조에서 타야 하는지 많이 헷갈렸다. 내가 잘 몰라서 그런 것일 수도 있으니 혹시 요령이 있는 분이 계신다면 알려주시길. 아무튼 이번에도 버스를 잘못 타다니, 정기권 사길 잘했다.

다시 버스를 타고 내가 내린 곳은 '카라스마이마데가와(烏丸今出川)' 정류장이었다. 오늘의 목적지는 교토고쇼. 일본의 왕이 500년

간 살던 궁이다. 오늘은 이곳을 방문해보기로 했다.

버스정류장에서 내리니 매우 한적한 동네가 나타났다. 이렇게 한적한 동네에 왕이 살던 궁궐이 있다니! 놀라워하며 지도를 보았다. 지금 걷고 있는 길의 바로 안쪽에 교토고쇼가 있다는 것을 파악할 수 있었다. 내가 걷고 있는 길의 담장 기와에는 일본 왕가의 상징인 국화 문양이 그려져 있었다. 지금 나는 교토고쇼 테두리를 걷고 있구나. 입구가 나타나면 바로 들어갈 생각이었다.

담장을 따라 계속 걸었더니 덩그러니 문이 나타났다. 주변에 아무것도 없어서 이곳은 분명 정식 입구가 아닐 거라는 확신이 들었다. 일단 넓은 문을 넘어 교토고쇼 안으로 들어갔다. 한적했다. 몇명의 외국인들이 유유히 자전거를 타고 있었다. 순간 이곳이 유럽 어느 동네의 공원이 아닌가 하는 생각도 들었다.

넓은 길을 따라 한참을 또 걸었다. 궁궐답게 겹겹이 담장이 있어서 한 번 더 담장 길 안쪽으로 들어가야 했다. 조금만 더 가면 안으로 들어가는 입구가 나올 거 같아서 또 열심히 걸었다. 하지만 아무리 걸어도 입구가 나오지 않았다. 아무래도 내가 선택한 방향이 잘못되었는지, 엄청나게 넓고 긴 길이 펼쳐졌다. 즉, 네모 안에 네모가 있고 지금 나는 그사이를 돌고

있는 꼴이었는데, 하필이면 잘못된 방향으로 가고 있었다. 엄청나게 넓고 긴 길을 계속 걸은 후에야 드디어 입구를 발견할 수 있었다.

멀리서 탐스럽게 핀 벚나무가 보였다. 이상했다. 시내에 있는 벚나무는 거의 다 져서 꽃을 찾아보기 힘들었는데 이 벚나무는 아직 꽃을 피우고 있었다. 대단하다. 벚나무 근처에서 사람들이 사진을 찍고 있었다. 그리고 벚나무 맞은편에 입구가 있었다. 드디어 입구다!

예전에는 사전예약을 해야만 교토고쇼에 들어갈 수 있었지만 2016년 7월부터 예약 없이 관람할 수 있게 되었다. 입장료도 없다. 다만, 교토고쇼 옆에 있는 정원인 센토고쇼는 지금도 예약을 해야 들어갈 수 있다.

입장할 땐 아주 가벼운 가방 검사를 받고 명찰 같은 걸 받는다. 오늘 몇 명이나 왔는지 확인하기 위함인 거 같았다. 내 번호는 깔끔한 900번. 사람이 많지 않았기에 아마도 1번부터 시작한 건 절대 아닐 거 같았다. 들어가자마자 방문자 쉼터 같은 곳이 나왔다.

쉼터 안에는 휴대폰을 이용해 음성안내를 받을 수 있는 QR 코드가 있었다. 한국어도 가능해서 나도 QR 코드로 앱을 설치했다. 알고 보니 2시반 이전에는 안내원이 교토고쇼에 대한 설명도 해주는 것 같았다. 시간이 늦어 설명은 듣지 못했지만, QR코드로 다운받은 앱을 실행하니 교토고쇼를 둘러보면서 설명을 들을 수 있는 음성 가이드와 지도가 열렸다. 교토고쇼의 연혁과 구조, 각 건물에 관한 설명을 들을 수 있었다. 꽤 편리한 앱이었다.

기요미즈데라와는 달리 무채색에 가까운 건물들이 이어졌다. 궁이라고 하기엔 얌전하다고 생각한 순간, 눈앞에 기요미즈데라에서 본 것과 비슷한 선명한 다홍빛과 하얀색이 대비를 이룬 건물들이 등장했다. 너무나도 쨍한 다홍빛에 주변이 화사해 보였다. 색깔 하나만으로도 화려함을 나타낼 수 있다는 것에 감탄했다.

일본의 역대 왕들은 1331년부터 메이지 일왕이 도쿄로 수도를 옮긴 1869년까지 약 500년간 이곳에서 살았다. 교토고쇼는 긴 세월을 거치면서 많은 일을 겪었는데, 지금의 교토고쇼는 1854년에 대화재로 전소된 후 복원되었다고 한다.

일본 역사를 잘 모르는 사람들이 생각하면 조금 이상할 법도 하다. 500년간 궁궐에서 왕이 살았는데, 직접 통치한 건 18세기 말부터라니. 일본의 왕은 오래전부터 상징적인 존재였다. 직접 통치하지 않지만 존재 자체로 백성에게 존경받았다. 현재 일왕과 비슷하다. 먼 옛날에는 직접 통치한 적도 있었지만 가마쿠라 막부, 무로마치 막부, 에도 막부 등에서는 실제 정치를 하지 않았으니 몇백 년, 어쩌면 천년 가까이 실권을 쥐지 않은 셈이다.

일왕은 이렇게 오랫동안 실권을 쥐지 않았다. 하지만 18세기 말, 앞서 료마를 이야기했을 때 언급한 '에도막부파 vs 일왕파'의 싸움에서 일왕파가 승리하자, 쇼군이 왕에게 실권을 넘기게 된다. 이 사건을 '대정봉환'이라고 한다. 대정봉환 후 메이지유신을 일으킨 메이지 일왕은 실권을 잡았고, 이 교토고쇼에서 도쿄의 에도성으로 이주하면서 수도를 교토에서 도쿄로 옮기게 된다. 현재의 레이와 일왕도 옛 에도성이었던 도쿄 황궁에서 산다고 한다.

19세기부터는 이곳에 왕이 살지는 않았지만, 옛날에는 일왕 즉위식 행사 등이 이 교토고쇼에서 열렸다고 하며, 현재에도 일왕 일가가 교토에 오면 교토고쇼에 머무른다고 한다.

마침 내가 교토에 머물러 있는 기간에 일본 연호가 바뀌었다. 일본은 천년 넘게 자체 연호(일본에서는 왕이 바뀔 때마다 연호가 바뀐다)를 쓰는 국가다. 처음 일본의 연호를 접했을 때는 참 생소했는데, 일본어 번역일을 하다 보니 서류 속에서 일본의 연호를 접할 기회도 많았다. 연호가 바뀐다는 것은 왕이 바뀐다는 뜻이기도 하니, 올해

에도 이곳에서 즉위식이 열리는 걸까 싶었는데 올해는 도쿄에 있는 황거에서 열렸다고 한다.

교토고쇼는 굉장히 넓은 곳이지만 관광객이 둘러볼 수 있는 장소는 한정적이었다. 그 범위가 그렇게 넓지도 좁지도 않아서 산책하듯이 궁의 분위기를 즐길 수 있었다. 하지만 지도에 표시된 비공개 구역이 너무 넓어서 어쩐지 아쉬움을 느꼈다.

궁궐 바깥쪽에서 자전거를 타는 외국인들을 보고 다음에는 자전거를 대여해서 이곳에 와야겠다고 생각했다. 이렇게 넓고 광활하면서도 나무가 잘 관리된 곳에서 자전거를 타면 기분이 참 좋을 거 같다. 개와 함께 산책하는 사람들도 꽤 많아서 역시 '이곳은 궁이라기보다 커다란 공원이 아닐까'라는 생각이 들었다.

한가롭고 평화로운 옛 궁궐. 만약에 교토고쇼에 갈 예정이라면 여유로운 마음으로 햇살 좋은 날에 고쇼를 산책해 보길 바란다. 그리고 반드시 입구가 어디인지 미리 알아보아야 다리가 덜 아프다는 점 꼭 참고하기를.

• •

교토고쇼
운영 시간 9:30 ~ 15:20 (16시에는 모두 퇴장) 휴일 월요일 입장요금 무료

• •

Now, Life is living you

히가시혼간지, 히비 커피

• 지난번에 아로마 마사지를 받았던 숙소 앞 마사지 숍이 매우 마음에 들었던 나는 정체(整体)를 예약했다. 정체는 우리나라로 치면 접골원 같은 곳에서 받는 시술로 생각하면 된다. 지압, 뼈 맞추기 등이다. 사실 우리나라에서도 지압을 받아본 적은 많이 없지만 일본에는 정체원이 워낙 많아서 호기심에 신청해 보았다. 어렸을 때는 어째서 관광지에서 비싼 마사지를 받는 건지 도통 이해할 수 없었는데 30대에 접어드니 이해를 하고도 남는다. 여행도 체력이 되어야 할 수 있다.

정체를 받고 나서 오늘은 무엇을 할지 고민했다. 머지않아 일본의 전국적인 연휴인 골든위크가 시작된다. 연휴의 시작은 4월 27일부터 5월 6일까지다. 연호가 바뀌고 일본의 여러 공휴일이 추가되어 열흘의 연휴가 이어진다.

연호가 바뀌는 시기의 일본 분위기를 느끼는 건 또 특별한 일이라 생각하지만, 이 얘기를 쓰려던 게 아니라… 사실 골든위크 때문에 번역일이 몰리고 있다.

몇몇 클라이언트가 일제히 골든위크가 시작되는 27일의 전날인 26일까지 마감을 해줄 수 있겠냐며 일을 맡겼다. 어려우면 5월 7일까지 해도 된다는 메시지와 함께였다. 언제나 고객 만족을 위해 최선을 다하는 번역가를 목표로 하는 나는 26일까지 일단 할 수 있는

데까지 해보기로 했다.

　그래서 살짝 일이 몰린 바람에 오늘은 집 근처 카페에 가서 번역 일에 전념하기로 했다. 그리고 내가 아껴 두었던 히가시혼간지를 방문할 예정이다.

히비 커피 (hibi coffee Kyoto)

　정체를 받고 집으로 돌아와 노트북을 챙겨서 나섰다. 이왕이면 예쁜 카페에 가고 싶어서 구글을 검색해보니 마침 집 근처에 괜찮아 보이는 카페가 있었다. 숙소에서 500m 정도 걸어 건널목을 건넌 후 골목으로 들어갔다. 교토에는 늘 '이런 곳에 카페가 있었어?' 라는 생각이 드는 의외의 장소에 예쁜 카페가 있는데 이 카페 역시 그랬다. 좁은 골목 안쪽으로 깊숙이 들어가니 카페 입구가 있었다.

　마침 점심시간이라 카레를 팔고 있었다. 카페에서 파는 카레인가 싶었는데, 그게 아니었다. 이곳은 특이하게도 카레 집과 카페가 한 가게 안에 있었다. 테이블 석은 카페와 카레 집이 공유했지만 카레집과 카페의 주방은 분리되어 있었고 간판도 따로였다.

　가게 안으로 들어가자 카레를 먹으러 왔냐고 점원이 물었다. 어차피 공복이니까 카레를 먹어야겠지. 창가 쪽 내가 좋아하는 카운터석에 앉아 돼지고기 카레를 주문했다. 창가 너머에는 골목 벽이 있어서 바깥 풍경이 좋지는 않았지만, 골목 안쪽까지 슬며시 불어온 봄바람을 느낄 수 있었다.

카레와 함께 커피까지 주문하고 일단 노트북을 꺼냈다. 문득 든 생각인데 일본에는 거의 모든 가게에 카운터 석이 있는 거 같다. 그 점이 마음  에 든다. 나는 한국에서도 카운터석을 좋아했다. 친구와 술을 마시러 가도 이왕이면 카운터석에 앉는 걸 좋아한다. 3명 이상이면 곤란하지만 2명까지는 괜찮으니까. 서로 마주 보는 테이블에 앉아야 서로에게 충실할 수 있긴 하지만, 그래도 나는 카운터석에 앉아 카운터 안쪽을 바라보기도 하고 상대의 옆모습을 훔쳐보기도 하면서 이야기 나누기가 어쩐지 더 좋다. 친한 사이일수록 얼굴을 정면으로 맞대고 이야기 나누기보다는 어깨를 살짝 부딪치기도 하며 같은 풍경을 바라보고 여유롭게 이야기하는 편이 좋다. 어쩌다가 옆자리의 모르는 사람과 스몰토크를 나누는 귀여운 사건이 발생하는 것도 좋다.

카레가 접시에 담겨 나왔다. 내가 기대한 일본식 카레와는 살짝 다른 느낌이었지만 맛은 그럭저럭 좋았다. 집마다 만드는 방법이 조금씩 다르면서도 무난하게 맛있는 요리인 카레. 그 가게의 특색있는 메뉴를 맛보고 싶지만 실패하지 않는 식사를 하고 싶을 경우, 카레를 주문하는 게 어쩌면 답일지도 모른다.

카레를 먹고 접시를 치운 뒤, 커피를 마시면서 작은 창가에서

키보드를 두드렸다. 카페의 음악을 들으며 한창 번역에 집중했다. 시간이 흐르고 따뜻했던 머그잔 속 커피도 어느새 아이스 아메리카노가 되어있었다. 주변을 둘러보니 어느샌가 사람들이 모두 빠져나가고 나밖에 없었다. 커피집과 카레 집은 모두 말없이 주방 정리를 하고 있었다. 혹시 나 때문에 서로 수다를 못 떠는 건가 싶은 어설픈 배려심이 생겨났다. 번역일도 일단락했으니 노트북을 챙겨 밖으로 나왔다.

히가시혼간지로 가는 길에 'Rent Bicycle'이라는 간판을 보았다. 마침 오늘은 날씨가 좋다. 가게 안으로 들어갔다.

"안녕하세요. 오늘 빌릴 수 있을까요?"

"오늘은 안 돼요. 날씨가 엄청 좋잖아요. 그래서 빌릴 수 있는 자전거가 다 나가버렸어요."

"아… 그렇군요."

"네. 오늘 아침에 다 빌려 가 버렸어요."

주인아저씨는 곤란하다는 듯이 말씀하셨다. 맞아요. 날씨가 참 좋죠. 다시 물었다.

"그럼 내일은 괜찮겠죠?"

"네. 24시간 대여거든요. 내일 오전에 자전거들이 다시 돌아올 테니 낮에는 괜찮을 거예요.”

“혹시 가격이 얼마인가요?”

“900엔이요. 24시간.”

“우와! 저렴하네요!”

“그렇죠? 그래서 다들 빌려 갔다니까요. 혹시 어디 살아요?”

“네? 교토역 앞이요.”

“아니, 건물이요. 자전거 주차장이 있어야 밤에 대놓을 수 있으니까요.”

우리 맨션에 자전거 주차장이 있었나… 잠시 생각해보았지만 확신이 서지 않았다. 일단 가게를 나와 히가시혼간지로 향했다. 날씨가 좋으면 자전거 대여 가게가 성황이다.

히가시혼간지

히가시혼간지(東本願寺)는 내가 매우 아끼고 아껴 두었던, 집에서 가까운 거리에 있는 매우 큰 사찰이다. 교토에 온 날부터 히가시혼간지 앞 버스정류장에서 꽤 자주 버스를 탔다. 버스정류장에 갈 때마다 이 커다란 히가시혼간지 내부 모습이 어찌나 궁금하던지. 그날그날의 목적지가 있어 한눈을 팔 수 없었기에 집에서 걸어서 5분 거리에 있는데도 아직 안으로 들어가 보지 못했다.

히가시혼간지는 정말 크다. 교토역에서 교토타워 방향을 지나 커다란 전자상가 쇼핑몰인 요도바시 카메라를 따라 걷다 보면 멀리서부터 히가시혼간지의 커다란 지붕이 보인다.

교토에 처음 온 날, 나는 저 커다란 지붕을 보고 보물섬을 찾은 만화 주인공처럼 어쩐지 설레었다. 교토에 온 이후, 많은 날을 히가시혼간지 앞 버스정류장에서 버스를 기다리곤 했다. 버스를 기다리며 해자에서 헤엄치는 잉어를 구경했고, 히가시혼간지 길가에 놓인 조명에 쓰인 불교 문구들을 곱씹기도 했다. 그리고 50m 밖에서도 보일 법한 히가시혼간지 외벽에 커다랗게 쓰인 문구,

"今,いのちがあなたを生きている"
(Now, Life is living you)

바로 이 문구를 보면서 대체 무슨 뜻일까 혼자 추측해보곤 했다.

이 문구는 원래 일본 불교의 종파 중 하나인 신슈오오타니(真宗大谷)파의 종조(宗祖, 종파를 세운 사람)인 신란쇼닌의 750번째 기일을 맞이하여 발표한 문구라고 한다. 우리나라로 치면 조계종이나 천태종을 세운 스님의 기일을 맞아 제자들이 발표한 문구인 셈이다.

모르는 단어도 없고 해석은 할 수 있지만, 의미를 파악하기 어려운 말이다. 굳이 뜻을 풀어보자면 "지금, 목숨이 당신을 살아가고 있어." 사실 당시에는 이 말의 의미를 알 수 없었다. 교토를 떠날 때쯤이면 알 수 있을까? 라고 막연히 생각만 했다.

나중에 이 문구를 인터넷에 검색해보니, 문구에 대해 제각각 자

기 생각을 쓴 글이 많았다. 조금이라도 정확하게 이해하기 위해 히가시혼간지 홈페이지에 있는 어느 스님의 해설을 찾아 읽어보았다. 그리고 내가 이해한 바를 조금 이야기해보겠다. 이는 개인적인 해석이며 정답이 아닐 수 있음을 명심할 것!

일단 "今,いのちがあなたを生きている"의 今이라는 한자는 '지금, 현재'를 뜻하는 한자인데, 이 문구에서의 현재는 '머나먼 과거까지 포함한 현재'를 의미한다고 한다. 그리고 いのち는 목숨, 생명이라는 의미의 일본어이다. 생명에는 유한한 생명과 무한한 생명이 있는데, 이 문구 속의 생명은 무한한 생명을 일컫는다. 불교에서는 한자로 무량수(無量寿)라고도 하는데 아미타불을 뜻한다고도 한다.

즉, 이 문구는 '언제나 아미타불이 당신을 살아가고 있어'라는 문구로 해석될 수 있다. 나머지 해설을 읽으며 내가 결과적으로 이해한 의미는 "언제나 당신의 곁에는 아미타불이 있습니다"였다.

날씨가 좋아 히가시혼간지의 풍경이 기대되었다. 사진도 아주 잘 나올 거 같았다. 교토 사람들은 히가시혼간지를 동쪽 씨(お東さん), 니시혼간지를 서쪽 씨(お西さん)라고 부른다. 커다란 절을 사람 같은 애칭으로 부르다니, 참 귀엽다.

커다란 문을 넘어 안으로 들어갔더니 엄청나게 큰 건물들이 날반겼다. 히가시혼간지에는 커다란 건물 두 개가 있다. 왼쪽이 아미다도(阿弥陀堂), 오른쪽이 고에이도(御影堂)다. 멀리서 보였던 고에이도를 정면에서 가까이 보니 보통 큰 건물이 아니었다. '진짜 크다' 라는 말이 절로 떠올랐다. 건축 면적으로는 일본 최대인 목조 건축 물이다. 왼쪽의 아미다도도 충분히 크지만 고에이도의 압도적인 크기가 신기해서 계속 고개를 들어 올려다보았다. 밖에서 봤을 때 하도 지붕이 높아 보여서 뭔가 큰 게 있을 줄은 알았지만, 이렇게 나 거대할 줄은 생각지 못했다.

먼저 아미다도에 들어가기 위해 계단을 오르려 하니, 신발을 담 으라고 놓아둔 비닐봉지가 보였다. 비닐봉지에 신발을 담고 다 쓴 봉투는 버리게 되어있었는데 문득 '이 봉투는 재활용하는 걸까?' 라는 의문이 들었다. 우리 맨션에서 일반 쓰레기를 버릴 때 쓰는 봉투와 비슷했다.

고에이도의 계단을 올라가 문을 살짝 열어보았다. 사람들이 드

넓은 다다미 위에 드문드문 앉아있었다. 옆 사람하고 조용히 이야기 나누는 사람도 있었고, 그냥 혼자 앉아서 생각하는 사람도 있었다. 정말 넓은 법당 안에 앉아 각자의 시간을 보내는 모습이 왠지 좋았다. 나도 살짝 들어가 아무 곳에나 슬며시 앉았다. 조용하고 넓은 곳. 부처님이 있는 벽 쪽은 사립문 같은 것으로 닫혀 있어서 불상은 보지 못했지만, 고요한 공기 속에서 가만히 앉아있는 게 어쩐지 좋았다.

조금 앉아있다가 밖으로 나와 히가시혼간지를 조금 더 둘러보았다. 고에이도와 아미다도 사이에는 히가시혼간지와 관련된 유물이 있었다. 히가시혼간지를 재건했던 당시의 모형을 작게 만들어놓기도 했고, 오래되어 보이는 붓글씨도 있었다. 그리고 케즈나도 있었다. 케즈나는 사람의 머리카락으로 만든 밧줄이다.

지금의 히가시혼간지는 19세기에 화재로 탄 이후 재건한 것이다. 옛날에는 절이나 신사를 재건하거나 지을 때 크레인 같은 것이 없어서 거대한 목재를 운반하기 위해 강한 밧줄이 필요했다. 그래서 여성의 머리카락으로 밧줄을 만들었는데, 그것이 바로 케즈나다. 이런 케즈나가 일본 전국에 53개나 있다고 하며, 히가시혼간지의 케즈나도 그중 하나다. 사실 이런 굵기라면 사람의 머리카락뿐만 아니라 다른 무엇으로 만들어도 엄청 튼튼했을 거 같다는 생각도 들지만, 불심을 담아 머리카락을 내놓지 않았을까 상상해 본다. 중학교 때 나라의 도다이지에서 케즈나를 처음 보았던 기억도 스쳐 지나갔다.

　　넓고 여유로운 히가시혼간지 경내를 걸었다. 커다란 고에이도와 아미다도가 있는 넓은 경내에서는 교토 타워가 잘 보이는데, 이게

참 재미있다. 절대 최신식이라고 말할 수 없는 낡은 현대와 웅장한 사찰이 함께하는 교토의 풍경을 즐길 수 있다. 그 풍경을 담은 사진을 찍느라 혼자 열심히 구도를 연구하며 넓은 경내를 방황했다.

히가시혼간지… 혼간지라. 갑자기 발음이 비슷한 '혼노지'가 떠올랐다. 오다 노부나가가 부하 아케치 미츠히데의 습격을 받아 죽은 혼노지(本能寺). 오다 노부나가를 아는 사람이라면 한 번쯤 들어봤을 법한 말이 있다.

"적은 혼노지에 있다 (敵は本能寺にあり)"

오다 노부나가를 배신한 아케치 미츠히데의 명대사를 떠올리며 '혼노지도 가볼까?'라며 갑자기 버스를 타고 혼노지로 향했다. 히가시혼간지의 안쪽도 다 둘러보지 않았는데! 나 홀로 한 달 살기라서 이런 변수도 가능한 점이 어쩐지 재밌다. 혼노지도 의외로 멀지 않았다. 버스를 타고 약 20분 정도 떨어진 곳에 있었다.

버스에서 내려 교토 시청 앞에 있는 혼노지로 들어가는 순간, 그 입구가 너무 좁아서 놀라고 규모가 작은 것 같아 살짝 놀랐는데 경비 아저씨가 두 팔로 X를 그렸다.

"문 닫을 시간이에요."

아, 너무 늦게 왔다. 벌써 오후 5시가 지난 시간이었다.

사진 촬영만 해도 되겠냐고 허락을 구한 뒤, 멀찍이 혼노지의 사진만 찍고 다시 집으로 가는 버스를 탔다. 역시 정기권을 사길 잘했다. 그리고 혼노지는 다음에 만나야겠다. 집으로 가까워지는 버스 창 너머로 다시 히가시혼간지가 보였다. 그 순간에도 교토역 앞 커다란 사거리에서 히가시혼간지는 사람들에게 끊임없이 외치고 있었다. Life is living you.

• •

히가시혼간지

운영 시간 3월 ~ 10월 5:50 ~ 17:30 11월 ~ 2월 6:20 ~ 16:30 입장요금 없음

• •

금각사에는 금각사밖에 볼 게 없다?

금각사

.... 나는 오늘 금각사에 가야 했다. 왜냐하면, 내일모레 부모님이 오시기 때문이다. 번역한답시고 집에서 수면 잠옷 입고 뒹굴다가 시집을 갔지만, 내가 일본어 번역을 할 수 있게 도와주신 부모님은 한 번도 내가 일본어 쓰는 모습을 제대로 보신 적이 없다. 내가 일본어를 공부하고 프리랜서로 자리 잡게 된 건, 소득이 없어도 잠잘 곳을 제공해주고 밥을 먹여준 집의 도움도 컸기 때문에 "뒷바라지해주신 덕분에 이렇게 일본어를 하며 먹고 살고 있습니다"를 보여드리고 싶어서 교토로 부모님을 초대했다.

부모님이 오시는 것과 금각사가 무슨 상관이 있냐고 물을 수도 있겠다. 부모님의 여행 일정은 2박 3일. 그리고 여행 가이드는 나다. 일단 2박 3일이라는 짧은 기간에 교토의 많은 관광지를 모두 둘러보는 것은 무리다. 내가 2주 넘게 이곳에 있으면서 거의 매일 관광지에 갔으나 아직도 갈 곳이 태산처럼 남았다는 게 그 증거이다. 그러니 어디를 골라 가야 "교토 재밌었어~"라고 부모님이 지인에게 자랑할 수 있을까 며칠 전부터 고민에 빠져 있었다. 몇 개의 관광지를 추리고 추린 뒤에 정해진 현재 코스는 이렇다.

1일차 금각사 - 아라시야마 - 기온시라카와

2일차 기요미즈데라 (니넨자카, 산넨자카) - 고다이지 (엔토쿠인) - 후시미이나리

3일차 니조성

관광 투어 버스 프로그램도 알아보았는데 관광지를 둘러볼 수 있는 시간이 생각보다 짧아서 패스했다. 이 여행은 느긋하고 여유로움을 추구하기에 최대한 스케줄을 느슨하게 계획했고, 그래서 아쉽지만 헤이안 신궁과 교토고쇼, 니시키 시장은 탈락시켰다. 산쥬산켄도와 야사카 신사도 제외되었다.

사실 금각사는 아직 가보지 않았지만 워낙 유명해서 계획에 넣었는데, 솔직히 금각사가 그다지 탐탁지 않았다. 도대체 왜 그렇게 인기가 많은 걸까? 사진을 통해 알고 있던 금각사는 연못 한가운데에 떠 있어 멀리서나 그 모습을 겨우 볼 수 있는 작은 절 같았다.

미시마 유키오의 소설 『금각사』로 유명해졌다고는 하지만, 미시마 유키오가 극우 집단이었다는 걸 알고 나니 더더욱 뭔가 꺼려졌다. 그리고 다녀온 사람들의 후기를 보면 하나같이 '금각사에는 금각사밖에 볼 게 없어!'라는 이야기가 있어서, '그냥 금으로 세워진 건물 한 채 보러 가는 건가? 시시할 거 같아'라고 생각했다.

하지만 내 생각대로 정말 시시할지, 정말 금각사밖에 볼거리가 없을지 확인해보고 싶었다. 다녀와서 호린 투어 여행 코스에 넣을지 말지를 최종적으로 결정할 심산이었다.

금각사

교토역에서 관광지를 급행으로 도는 라쿠 버스를 타고 금각사로 향했다. 교토역에서는 버스로 3~40분 정도 걸렸다. 버스에서 내리니 작은 가게 서너 개가 있었다. 사람들을 따라 길을 건너니 표지판이 보였다.

금각사 다녀온 후기를 찾아보면 다들 금각사 사진밖에 올려놓질 않아 그 근처 사진도 많이 찍고 싶었는데 그다지 찍을 만한 곳이 없었다. 금각사만 찍어놓은 건 다들 이유가 있었다.

입구로 들어가면 매점이 있다. 사람들이 너도나도 아이스크림을 사 먹고 있었다. 길을 따라 매표소로 향했다. 매표소에서 표를 끊었더니 거대한 표를 주었다. 금각사리전 부적이라고 쓰여 있었다. 부적을 입장권으로 주다니. 나름 가톨릭 신자라서 여태까지 부적을 안 사고 버텼는데 이렇게 강제 증정 당했다.

표를 보여주고 통로를 지나 안으로 들어갔다. '이제 좀 둘러볼까'라고 생각했는데, 갑자기 난데없이 눈앞에 금각이 나타났다. 그리고 금각을 마주하자마자 나는

'아이씨… 이건 대단한걸? 볼만하잖아. 멋있어!'

라며 알 수 없는 패배감을 느꼈다. 금각은 대단했다. 볼만했다. 내가 워낙 기대하지 않아서인지 모르겠지만, 정말 멋있었다.

그때까지 금각에 대해 '멋져 봤자 얼마나 멋지다고'라며 우습게 봤던 나였다. 하지만 보자마자 인정할 수밖에 없었다. 이건 한 번쯤 볼만하다. 내 패배다. 사진 속에서는 작아 보였기에 100m쯤 먼 곳

에서나 바라볼 수 있을 거로 생각했는데 의외로 가까웠다. 아주 가깝지는 않았지만 금각을 자세히 관찰하기에는 충분했다. 많은 관광객이 금각을 바라보며 감탄하고 사진을 찍었다. 이건 무조건 찍어야 한다.

금각사에는 부처님의 사리가 모셔져 있으나 원래부터 절은 아니었다. 금각사라고 불리고는 있지만, 엄밀히 말하자면 금각이 있는 절은 '로쿠온지'라는 사찰이다. 로쿠온지 안에 있는 정자가 금각이다. 로쿠온지는 12세기 가마쿠라 시대에 사이온지 긴츠네라는 사람의 별장으로 지어졌으나, 14세기경 무로마치 시대의 쇼군, 아시카가 요시미츠가 물려받아 자신이 은퇴 후에 살 별궁으로 만들었다. 바로 이때 금각을 만들었다. 금을 칠할 당시 지금 돈으로 환산하면 1,000억 엔에 이르는 돈이 사용되었다고 한다. 로쿠온지는 이 쇼군이 죽은 뒤에야 선종 사원이 되었다.

이러한 역사를 가진 금각사지만 지금의 금각사는 아시카가 요시미츠가 만든 금각사의 모습이 아니다. 긴 세월 동안 몇 번의 화재를 당하고 수리를 반복했는데, 지금의 금각사는 1955년에 재건되었다. 그리고 이 재건은 1950년의 화재로 인한 것이었다.

노벨문학상 후보에 오른 것으로 유명한 일본의 소설가, 미시마 유키오의 『금각사』는 바로 이 화재를 모티브로 삼은 소설이다. 1950년 당시 금각에 불을 지른 범인은 어느 말더듬이 승려였는데, 소설 『금각사』는 이 승려를 주인공으로 삼아 쓴 이야기이다. 그는 실제 범인이 말더듬이었다는 점 등을 그대로 채용해 실화를 바탕으로 한 소설을 썼다.

마침 금각사에 가니 소설을 읽어봐야겠다는 생각에 전자책으로 앞부분을 읽어보았는데, 아무래도 암울한 기운이 강해 중간에 그만두고 말았다. 줄거리 요약본에 따르면 작은아버지 댁에서 자란 말더듬이 주인공은 금각사에 머물며 교토의 대학에 다니다가 어느 날 금각에 불을 지른다는 내용이다. 이 소설에 관한 여러 해석이 있는데 '아름답지만 소유할 수 없는 것에 대한 욕망'이라는 해석이 많았다.

금각사를 둘러보다가 갑자기 떠오른 의문. 물론 문학소녀가 아니기에 소설과는 관계가 없는 궁금증이었다.

'저거 다 순금일까?'

문득 18K나 14K는 사용되지 않았는지 궁금해졌다. 14K라면 내구성이 더 좋을 것 같은데….

그래서 찾아보니 일단 순금이었다. 1986년~1987년에 이루어진 금박 교체공사에서는 (그렇다, 교체 공사를 한다) 10.8cm의 네모난 금박이 약 20만 장(약 20kg)이 사용되었다고 한다. 총 사용된 금의 가격은 7억 4천만 엔 정도. 이때 원래 쓰인 금박보다 5배나 두꺼운 금박을 붙였다고 한다. 이러한 금각은 교토 시민들의 세금으로 유지되고 있다.

금각을 바라보며 놀다가 로쿠온지의 다른 장소도 가보았다. 이곳에서는 사람들이 동전을 던지고 있었는데, 자꾸 부처님한테  맞았다. 부처님 아프시겠어요. 부처님을 지나 불경 필사하는 곳을 지나면 작은 기념품 가게들이 등장하고 향을 올리는 사당과 셋카테이라고 불리는 작은 다실이 나타난다. 저녁 석(夕)에 아름다울 가(佳)를 쓰는 셋카테이(夕佳亭)는 저녁 무렵 이곳에서 바라보는 금각의 모습이 아름답다고 하여 지어진 이름이다. 셋카테이를 지나면 기념품 가게가 나오고 끝이다. '금각사에는 금각사밖에 볼 게 없어'라는 말을 어쩐지 이해할 수 있었다.

다른 관광지였다면 불경 필사나 다실, 부처님한테 동전 던지기도 "이런 게 있구나~"라며 나름 재미있게 보고 넘어갔을 법한데, 처음부터 금각을 보고 크게 감탄하는 바람에 다른 것들은 나중에 생각나지 않았다. 금각 외의 것들은 모두 묻혀버리는 느낌이었다.

어쩌면 '금각사에는 금각사밖에 볼 게 없어'라는 말은 '금각사에는 금각사 외에도 뭐가 있긴 하지만 금각 외에 기억에 남는 것들은 그다지 없어서 금각사밖에 볼 게 없어'라는 말일지도 모른다.

금각사

관람 시간 9:00 ~ 17:00 **입장료** 성인 400엔 초·중·고생 300엔

여행 Tip

금각사를 뒤로하면 바로 앞에 아이스크림 가게가 있다. 금각사 앞집답게 금가루 아이스크림을 판매 중이다. 만약 금각사에 간다면 금각을 실컷 구경한 후 이 아이스크림 먹어보는 게 어떨까? 좋은 추억이 될 것이다.

적은 혼노지에 있다
혼노지, 카페 코시

•••••••••••••••••••• 오늘은 카페에서 일을 하기로 했
다. 교토에 왔으니 카페 투어도 해보고 싶다는 생각에 되도록 예쁜
카페를 돌아다니려고 노력했다. 우리나라 카페만큼 노트북을 펴고
일하는 사람이 교토의 카페에는 많지 않다는 사실을 뒤늦게 깨달
긴 했지만, 최대한 다양한 경험을 하며 시간을 보내고 싶어서 인터
넷에 후기가 많은 카페인 카페 코시(Cafe Kocsi)로 향했다.

영업시간이 낮 12시부터라서 조금 기다렸다. '준비 중' 간판이 치
워지고 직원의 안내를 받아 첫 손님으로 입장! 2층으로 올라갔더
니 아늑한 원목 인테리어의 카페가 나타났다.

창가에 가방을 내려놓았다. 코트를 벗어 놓고 노트북을 꺼내 펼
쳤다. 빵이 맛있는 가게라 빵 진열장부터 찾아봤는데 비어 있었다.
직원은 굉장히 미안한 표정으로 "오늘은 조금 늦어서 20분 정도
뒤에나 빵이 들어와요."라고 말했다. 20분 정도는 기다려도 괜찮
다. 하지만 런치 메뉴를 구경하다 맛있어 보이는 메뉴가 있어서 빵
은 일단 보류하고 런치를 주문했다.

내가 주문한 메뉴는 감자와 채소가 들어간 키슈(quiche). 사실 키
슈를 처음 먹어 봤다. 키슈는 프랑스 요리인데, 반죽을 깔고 달걀과
크림, 베이컨, 채소 등 원하는 속 재료를 넣어 오븐에 굽는 일종의
파이다. 먹어보니 무척 맛있어서 한국에 돌아가면 집에서 직접 만
들어보고 싶다는 생각이 들었다.

그리고 오늘의 작업을 했다. 교토 여행 내내 'Dobby is free'라는 글자가 프린트된 에코백을 들고 다녔는데 교토까지 와서 일하는 걸 보면 난 자유가 아니다. 그래도 이렇게 일을 해야 여행이 끝나고 일상으로 돌아가도 금전적인 어려움을 겪지 않는다.

키슈를 다 먹고 이번에는 시나몬 롤을 주문했다. 따끈하게 데워서 나오는 달콤한 시나몬 롤이 너무 맛있었다. 따뜻한 커피도 한 잔 더 마시면서 열심히 작업을 이어나갔다. 역시 일할 때는 적당한 카페인과 당분이 필요하다.

해가 하늘을 향해 더 높이 올라가자 아까보다 날씨가 반짝였다. 밖으로 나와서 이제 뭘 할지 생각하며 발길 닿는 대로 동네 구경을 했다. 그러다가 그곳이 혼노지 근처라는 사실을 깨달았다. 조금 걷다 보니 엊그제 히가시혼간지를 보다가 갑자기 찾아갔던 혼노지 입구가 보였다.

너무 소박한 입구라서 정말 혼노지 입구가 맞나? 라며 의아해했던 일이 생각났다. 알고 보니 상점가 쪽에 정문이 있었다. 엊그제 들어갔던 입구보다는 조금 더 갖추어져 있다는 느낌이었지만 내

가 생각했던 것보다는 규모가 작았다.

혼노지는 아주 작은 절이었다. 커다란 본당 외에는 눈에 띄는 큰 건물이 없었다. 이곳이 정말 일본 전국시대 삼걸 중 한 명인 오다 노부나가가 습격받아 죽은 곳일까? 습격받았을 때 불에 타서 규모가 줄어든 걸까? 궁금해서 조사해보니 역시나 오다 노부나가가 죽은 혼노지는 이렇게 작은 절이 아니었다.

여기서 잠시 오다 노부나가와 '혼노지의 변'에 관해서 이야기를 간략하게 해보자. 오다 노부나가는 전국 시대의 다이묘(각 지역의 영주) 중 한 명이었다. 무로마치 막부가 끝나고 전국시대가 시작된 후, 세력을 막강하게 넓힌 오다 노부나가가 일본을 평정하는 듯했다. 오다 노부나가는 부하들에게 각 지방을 공격하라고 명했고, 부하였던 도요토미 히데요시도 오다 노부나가의 명을 받아 추고쿠 지역(히로시마, 오카야마, 시마네현 부근)을 공격하러 갔다.

그러다 도요토미 히데요시가 원군 지원 요청을 보냈고, 오다 노부나가는 아케치 미츠히데에게 원군을 데리고 가라고 명했다. 아케치 미츠히데는 원군을 이끌고 가던 도중에 발길을 돌려 노부나가가 묵고 있던 혼노지를 습격하여 주군을 배신한다.

적은 혼노지에 있다

아케치 미츠히데가 혼노지로 발길을 돌릴 때 했다고 전해지는 말. '적은 혼노지에 있다(敵は本能寺にあり)' 이 말은 지금도 일본에서

'다른 일을 하는 척하다가 원래의 목적을 달성하려 하는 것'을 의미하는 말로 쓰인다.

아케치 미츠히데가 주군인 노부나가를 배신한 이유로는 수많은 추측과 설이 있다. 아케치 미츠히데는 머리가 별로 없어서 평소에 가발을 쓰고 다녔는데, 어느 날 노부나가가 머리를 몇 번 때렸더니 아케치 미츠히데의 가발이 떨어져 원한을 품었다는 설도 있으며, 평소에 도요토미 히데요시와 사이가 매우 안 좋았던 아케치 미츠히데한테 오다 노부나가가 '원군을 끌고 가서 히데요시의 명령을 따라라'라고 말했기 때문이라는 설도 있다.

찾아보니 지금의 혼노지는 오다 노부나가가 습격받아 죽은 '혼노지의 변' 이후 도요토미 히데요시가 자리를 옮겨 다시 지었다고 한다. 오다 노부나가가 실제로 습격받아 죽은 곳은 이곳에서 버스로 20~30분 정도 떨어져 있으며 그곳에는 빌딩 앞에 비석 하나만이 남아있다고 한다.

혼노지 안에서는 불교 행사가 열리고 있었다. 오다 노부나가 때문에 유명하다고는 하지만 엄연한 불교 사찰이었다. 히가시혼간지의 본당을 보다가 혼노지의 본당을 보니 소박하고 친숙한 동네 절 같은 느낌이었다. 절 마당에 자리한 절보다 키가 큰 무성한 나무들 덕분에 평화롭고 한가로운 분위기 듬뿍 이었다.

오다 노부나가의 묘

본당 뒤쪽으로 가면 오다 노부나가의 묘가 있다. 아케치 미츠히데가 혼노지를 습격하여 불이 났을 때 오다 노부나가의 시신을 찾을 수 없었다고 한다. 그래서 이 묘에는 오다 노부나가의 칼이 묻혀 있다.

본당 옆에는 작은 건물들이 다닥다닥 붙어있었는데 대부분이 묘였다. 역사적 유물이 전시된 대보전 보물관(大寶殿 宝物館)이 있어서 흥미로웠으나 오전에 카페를 들린 터라 살짝 피곤했고, 사람이 없는 박물관을 혼자 구경하고 싶진 않아서 이곳은 패스했다.

그리고 오늘의 하이라이트. 혼노지에 들어가니 바로 앞에 일본 전국시대 갑옷과 투구를 입고 무장으로 변장한 사람들이 있었다. 사진을 같이 찍는 코너였다. 혼자 와서 조금 부끄러웠지만 '아는

사람도 없는 곳이니 창피할 필요도 없다'라는 생각이 들었다. 사진을 부탁했더니 친절하게 "싸우는 포즈를 취해보세요!"라고 말한다. 사진 찍는 구호는 "자, 찍겠습니다, 혼-노-지-!" 셋이 함께 "혼-노-지-!"를 외쳤다. 옆에 갑옷이 놓여있어서 갑옷을 입고 찍어보지 않겠냐고 권했지만, 그것까지는 부끄러워서 일단 이것으로 만족하기로 했다. 다른 사람들이 갑옷과 칼을 착용하고 찍는 걸 보니, 닌자가 두 손으로 칼을 받아 주기도 하고, 말투도 닌자 말투를 써서 재미있었다.

오다 노부나가는 요즘 일본에서 다양한 캐릭터로 활용되고 있다. 어째서 그렇게 인기가 있는지 깊이 알지는 못하지만 현대의 게임과 만화, 드라마와 영화 속에서 그리는 오다 노부나가의 이미지는 호쾌하고 진취적이며 강한 리더쉽을 가진 장수다. 혹시 오다 노부나가가 등장하는 게임이나 만화를 재미있게 보았거나, 역사 속 이야기를 좋아하는 사람이라면 혼노지에 한 번쯤 들러 보면 좋을 것이다.

혼노지

운영 시간 9:00 ~ 17:00 입장료 없음 대보전 보물관 입장료 성인 500엔 중학생 · 고등학생 300엔 초등학생 200엔 근처 추천 코스 카페 코시 (Cafe Kocsi)

여행 Tip

근처에 있는 세련된 소품샵 ANGERS kawaramachi도 구경하는 재미가 쏠쏠하다.

호린 투어 효도 관광
부모님과 함께한 교토 여행

마침내 부모님이 교토에 오셨다. 2박 3일간의 효도 관광 코스는 고민을 거듭하여 최대한 여유롭고 피곤하지 않은 일정을 준비했다. 하지만 너무 우려가 컸던 탓인지, 예상보다 시간 여유가 있어서 예정에 없던 한두 곳의 관광지를 즉석에서 더 둘러볼 수 있었다. 이것이 자유여행의 좋은 점이다. 그리하여 최종적으로 방문한 코스는 아래와 같다.

1일차 교토역 - 금각사 - 기온 시라카와 - 하나미코지 - 기온시조 - 카와라마치

2일차 기요미즈데라 - 엔토쿠인 - 후시미이나리 - 교토타워

3일차 니조성 - 히가시혼간지

이렇게 써놓고 보니 꽤 알찬 일정이었다. 교토의 대표적 관광지인 금각사, 기요미즈데라, 후시미이나리를 모두 보았으니 이만하면 충분하다. 원래는 아라시야마를 가고 싶었으나 아라시야마는 교토역에서 이동 시간만 왕복 최소 2시간은 잡아야 하기에 안타깝게도 패스했다.

숙소는 에어비앤비를 선택했다. 이왕 일본에 오셨으니 다다미가 깔린 집에서 지내면 특별한 경험이고 재미있을 거 같았다. 교토역에서 지하철로 한 정거장 정도 떨어진 에어비앤비 숙소를 이용했는데 깔끔해서 만족했다. 조용한 동네 구경도 가능했다.

전체적인 코스를 간단하게 정리해보자면, 나와는 달리 부모님은 금각사에 큰 감흥이 없으셨고, 기온 시라카와에서 카와라마치 번화가까지 열심히 걸으며 거리 구경하는 걸 즐거워하셨다. 그리고 2일 차, 대망의 기요미즈데라도 무척 좋아하셨다. 역시 명불허전 인기 관광지다. 자연 속에 있는 관광지이니 공기도 좋았고 볼거리도 많았다. 니넨자카, 산넨자카 덕분에 가는 길도 매우 즐거웠다.

기요미즈데라에서 걸어 내려오면 엔토쿠인에 들를 수 있다. 이곳에서 미니 정원 만들기도 해보고, 정원에 앉아 차를 마시면서 잠시 여유를 가졌는데 이것도 좋았다. 잠시 쉰 뒤에는 후시미이나리로 이동했다. 주말이라 관광객들이 몰려든 후시미이나리의 센본 도리이는 예쁘긴 했지만 조금 번잡했다. 그래서인지 후시미이나리보다는 기요미즈데라가 더 좋았다는 평을 듣게 되었다.

다시 교토역으로 돌아와 교토타워에 올라갔는데, 나 역시도 한 번도 올라가 보지 못한 터라 기대되었다. 망원경으로 교토 시내 전경을 보기도 하고 여러 관광지를 찾아보는 시간을 가졌다. 망원경 너머 보이는 저 커다란 불상은 무엇인지, 우리가 다녀온 기요미즈데라가 저곳이 맞는지 등의 이야기를 나누었다. 아주 재미있었다.

마지막 날에는 니조성과 히가시혼간지를 둘러보았다. 나도 밤 벚꽃의 니조성밖에 관람하지 못했는데, 낮에 오니 몇몇 건물의 내부까지 둘러볼 수 있어서 재미있었다. 역사를 좋아하는 아빠에게 설명해드리고 싶었는데, 안내 표지판을 읽어도 옛 건축물에 관한 전문용어나 고어가 많아 확실히 설명해 드릴 수 없어서 아쉬웠다.

그리고 히가시혼간지 방문. 니조성만 둘러보아도 시간이 빠듯할 거라고 생각했는데 웬걸, 히가시혼간지까지 살짝 둘러볼 여유가 있었다. 교토역에서 제일 가까운 좋은 볼거리가 아닐까 싶다. 교토역 주변을 걸을 때부터 역시나 눈에 띄어서 "저건 뭐니"라고 물으셨고, 마지막 코스로 들러보았다. 웅장한 건물 덕분인지 부모님의 반응도 좋았다.

평소에 애교도 없고 연락도 잘 안 하는 이 무심한 딸과 함께한 교토 여행이 어떠셨을까? 예상외로 부모님은 나보다 더 체력이 좋으셔서 그 사실이 놀랍기도 하고 안심도 됐다. 내 약한 체력을 뒤돌아보는 계기도 되었다. 어떻게 보면 종일 집에 틀어박혀 키보드만 두드리는 나보다는 평소에 외출도 자주 하시고 부지런히 몸을 움직이시는 부모님이 더 건강하신 것이 당연한 일인지도 모른다. 앞으로도 좀 더 자주 같이 여행할 기회가 있었으면 좋겠다.

간사이 공항에 모셔다드리고 남은 기간 동안 한 달 살기를 잘하고 돌아가겠다는 인사를 하고 숙소로 왔다. 갑자기 다시 홀로 교토에 남겨지니 외로워졌다. 부모님이 가져다주신 새 카메라를 만지작거리며 3일 동안 가이드하느라 수고했다고 스스로를 다독였다. 그리고 어쩐지 외로움이 계속 사라지지 않아 19일째 되던 날, 나도 교토를 떠났다. (아직 한 달 살기는 끝이 아닙니다!)

- ●

여행 Tip

호쿠토 (北斗) 교토역 앞 스키야키 / 샤브샤브집

소고기 스키야키뿐만 아니라 닭고기 스키야키, 돼지고기 스키야키 메뉴도 있는 본격적인 스키야키집이다. 가격은 닭고기와 돼지고기 스키야키는 1인분에 1,500엔 정도지만, 소고기 스키야키는 약 2,000엔부터. 주류를 포함한 음료 무제한 코스도 있으며 숯불구이와 야키토리, 다른 안주 메뉴도 있다.

영업 시간 17:00 ~ 23:30 **홈페이지** hokuto-kyoto.owst.jp/

- ●

21 일차 4월 24일 ~ **22 일차** 4월 25일

비와코 호수 호캉스 투어

오쓰 프린스 호텔, 비와코 호텔

･･････････････････････････ 효도 관광이 끝나고 '이제 내가 쉴 차례'라는 생각에 비와코 호수에 갔다.

교토에 온 지 일주일쯤 지난 어느 날 저녁의 일을 떠올렸다. 내가 사는 맨션 맞은편에는 언제나 사람들이 왁자지껄하게 술을 마시는 쿠시카츠(튀김꼬치) 선술집이 있다. 노란 불빛이 환히 켜진 작은 가게에서 항상 사람들이 빼곡히 서서 저마다 즐겁게 떠드는 모습에 호기심이 생겨서 하루는 나도 그곳에 가보았다.

마침 내가 들어갔을 때는 그 작은 가게 안이 버스킹 무대가 되어 있었다. 기타 치는 가수의 노랫소리, 따라 부르는 사람들의 흥겨운 목소리로 가게가 가득 차 있었다. 의자가 있는 좌석은 딱 두 개 밖에 없었고 모두가 서서 높은 테이블 위에 맥주병을 놓고 술을 마시고 있었다. 카운터석 자리에 간신히 자리를 잡고 논 알코올 맥주와 쿠시카츠를 시키고 버스킹을 구경했다.

두 곡째 노래를 들으며 사람들을 따라 박수를 쳤다. 그러다가 옆자리 여자와 눈이 마주쳤다. 그녀는 박수를 치며 씩 웃다가 내게 말을 걸었다.

"혼자 왔어요?"

"네!"

"아 그렇구나! 이거 시키는 사람 처음 봤어요!"

그녀는 내 맥주병을 눈짓으로 가리키며 말했다.

"왜요?"

"보통 알코올 없는 건 잘 안 마시니까요!"

"그렇군요."

"외국인이에요? 어디서 왔어요?"

"한국에서요."

"아하~ 교토에 여행하러 왔나요?"

"네. 한 달 동안 여행하고 있어요."

"한달이요? 원 먼쓰? 대단해요!"

그녀는 본격적으로 내게 말을 걸기 시작했다. 관광지에서 이런 스몰토크 나누기를 좋아하는 편이라, 나도 적극적으로 대화를 나눴다. 한 달 살기를 하러 교토에 왔고, 책을 쓸 생각이라고 말했다. 그리고 철학의 길과 헤이안 신궁 등 관광지에 대해 수다를 떨었다. 그녀가 말했다.

"시가(滋賀)에도 놀러 와요. 저는 시가에 살거든요. 교토는 회사 때문에 통근해요. 시가에는 비와코 호수도 있어요!"

"시가요? 시가엔 뭐가 유명한가요?"

"음… 비와코 호수요. 그거밖에는 없네요."

"그거면 충분하죠, 뭐. 여기서 얼마나 걸려요?"

"전철로 40분 정도요! 놀러 오면 맛집 소개해 줄게요. 맛집은 좀 더 멀긴 하지만! 같이 술 마셔요!"

"네! 그러면 정말 즐겁겠네요. 꼭 소개해 주세요!"

설마 방금 만난 외국인을 진심으로 초대하는 건 아닐 거라 생각해서 나도 겉치레식으로 대답했다.

그녀가 또 물었다.

"지금 어디 살아요? 호텔?"

방금 만난 외국인에게 내가 어디에 묵는지 알려주는 건 조금 경계해야 할 필요가 있다고 생각해서 대충 둘러대기로 했다.

"음… 친구네 집이요."

"친구네는 어디에요?"

집요했다.

"이 근방이요."

물론 숙소가 친구네 집이라는 건 거짓말이었다.

"그럼 다음에 시가에 오면, 우리 집에서 자고 가요!"

처음 만난 사람에게 집에서 자고 가라고 하다니, 그냥 하는 말이라고 생각했지만 그녀의 눈빛에서 진심이 느껴졌다. 내가 오버일지도 모르지만, '네!'라고 대답하면 정말 자고 가야 할 거 같았다.

"하하, 민폐일 거 같은데요."

"괜찮아요! 전 어차피 혼자 살고 친구들이 많이 자고 가거든요!"

하지만 나는 이 사람의 친구가 아니었고, 우리는 아직 서로의 이름도 모르는 사이였다. 이름도 모르는 사람을 집에 재우는 것도 위험하지만, 이름도 모르는 사람의 집에서 자는 것도 위험한 일이다. 나는 분명 '그냥 하는 소리'라고 생각했지만, 그녀의 태도는 아주 적극적이었다. 핸드폰의 달력을 내게 보여주며 물었다.

"며칠이 좋아요? 한국에는 언제쯤 돌아가요?"

"5월 10일쯤… 이요…"

"아하 그렇다면…"

심각하다. 그녀는 진짜로 날짜를 잡고 있었다. 내가 조금 더 적극적이고 친화력 좋고 용감한 사람이었다면 "그래요! 그날 갈게요!"라고 상쾌하게 말했겠지만 그러기엔 나는 겁이 너무 많고 경계심도 많은 성격이었다. 그녀가 또 말했다.

"시가에 오면 우리 집에서 자고 가요. 시가에 와요!"

"처음 만났는데 민폐예요."

"아니에요! 괜찮아요! 시가에 와서 우리 집에서 자고 가요!"

우리는 이후에도 이러한 대화를 두 번쯤 더 나누었다. 솔직히 '혹시 비와코 호수에 날 제물로 바치려고 꼬드기는 건가?'라는 생각이 들 정도로 무서웠다. 술집에서 처음 만난 사람에게 제발 자기 집에서 자고 가라고 부탁하다니… 서둘러 계산을 하고 그녀에게 목례만 꾸벅한 뒤에 도망치듯 빠져나왔다.

그리고 오늘, 이 에피소드의 배경인 시가현에 왔다.

놀랍게도 시가현은 교토역에서 지하철로 세 정거장 밖에 떨어져 있지 않았다. 하지만 교토에 속한 곳이 아니다. 그래서 '한 달의 교토'라는 타이틀에서 살짝 빗나간 느낌이지만, 교토와 아주 가까운 곳이라 함께 여행할 수 있기에 끼워 넣어 보겠다.

시가현에 간 제일 큰 목적은 휴양과 힐링이었다. 어쩐지 10분에
한 번씩 쉬었다 가자며 칭얼거리는 꼬마 등산객처럼 교토에서도
종종 휴식하는 날을 가져왔는데, 아무래도 숙소에 있으면 자꾸 어
딘가에 나가 괜히 아이쇼핑을 하거나, 휴식도 아니고 관광도 아닌
애매한 날들을 보내게 되었다.

그래서 이번에는 돈을 투자해 진정한 힐링의 시간을 가지기로
했다. 힐링, 힐링이란 무엇인가! 사람들마다 생각하는 힐링의 정의
와 방법이 살짝 다르겠지만, 내게 힐링은 휴양이다. 그리고 휴양하
면 역시 호캉스다. 설마 교토까지 와서 호캉스를 갈 줄이야!

오쓰 프린스 호텔

교토역에 비해 작고 한적한 오쓰역에 내렸다. 하늘이 어두컴컴
해서 곧 비가 쏟아질 거 같았다. 인터넷으로 검색해 미리 알아 둔
정류장에서 호텔 셔틀버스를 탔다. 그리고 그 버스 안에서 호텔을
예약했다. 호텔 셔틀버스 안에서 호텔을 예약하다니. 왜인지는 모
르겠지만 즉흥적이고 나 자신이
멋있어 보였다. (정말 왜 멋있어 보였
는지는 모르겠다) 어쩜 이리 무계획
인지! 비와코 호수 주변에는 제법
규모가 있는 호텔이 몇 개 있는

데, 내가 선택한 호텔은 그중에서도 제일 높은 오쓰 프린스 호텔이었다. 방에 들어가 커튼을 열고 창밖을 바라보니 비와코 호수가 한 눈에 보였다. 히에이잔 산이 둘러싼 넓은 비와코 호수를 바라보니 마음이 시원해졌다.

그리고 무얼 했느냐 하면…? 번역일을 했다. 아무리 힐링을 외쳐도 돈이 없으면 불가능하다. 노트북을 끌어안고 푹신한 침대에 누워 비와코 호수를 바라보았다. 그리고 키보드를 두드렸다. 몇몇 사람들이 생각하는 프리랜서 번역가 겸 작가의 자유로운 삶을 충실히 재현하고 있는 듯한 기분이었다. 물론 호텔에서 번역일을 하면 모니터가 작고, 사무용 의자가 아니라서 집에서 번역일을 하는 것보다는 불편하다. 침대에 누워 노트북을 끌어안고 아크로바틱하게 자세를 변경하면서 번역을 했다. 눈이 피로할 때는 비와코 호수와 구름 낀 히에이잔 산을 바라보았다. 비록 일은 했지만 육체적으로는 여유롭게 하루를 즐겼다. 다음날 호텔에서 아침을 먹고 체크아웃했다. 이제 교토의 숙소로 돌아갈 차례다.

호텔을 빠져나와 버스정류장으로 향하는 길, 비와코 호수에 낚싯대를 드리운 사람들이 많이 보였다. 이 커다란 호수에는 충분히 물고기가 살 것 같았지만, 낚싯대를 드리울 만큼 보람이 있는 커다란 물고기가 살고 있을까에 대해서는 의문이 들었다.

호수를 따라 계속 걷다 보니 머리 위로 차가운 감촉이 느껴졌다. 빗방울이 떨어졌다. 게다가 가방을 뒤져보니 호텔에 놓고 온 물건까지 있었다. 이미 호텔에서 15분 정도 걸어온 터였지만 호텔에 물건을 놓고 갈 수는 없어서 다시 호텔로 향했다. 도중에 빗방울은 점점 더 굵어졌다.

호텔에서 물건은 찾았으나 우산이 없었다. 호텔 셔틀버스도 시간이 한참 남았다. 어쩌지 고민하다가 다시 버스정류장으로 향했다. 중간에 포켓 와이파이의 전원이 꺼져 당황하는 등, 우여곡절이 있었지만 정류장에 잘 도착했다. 하지만 두 번 정도 버스를 잘못 타는 난국이 이어져 어쩔 수 없이 큰맘 먹고 택시를 불렀다. 하지만 택시조차 잡히지 않아 터덜터덜 비를 맞으며 길을 걷다 보니 한국에도 진출한 마루가메 제면 우동집이 보였다. 비 맞은 생쥐 꼴인데 따끈한 우동이라도 먹으며 비를 피해야겠다는 생각이 들었다.

마루가메 제면에 들어가자 아주머니께서 비 맞고 쫄딱 젖은 나

를 보고 "밖에 비가 많이 오나 봐요, 국물 많이 먹어요."라고 말했다. 커다란 유부가 들어간 따뜻한 키츠네 우동을 먹고 마루가메 제면의 차양 밑에서 비를 피하며 다시 택시를 불렀다. 다행히도 택시가 잡혔다. 목적지를 고민하다가 이대로 교토의 숙소로 돌아가기엔 옷도 다 젖었고, 기분이 울적해질 거 같았다. 타지에 혼자 있을수록 스스로의 기분을 잘 돌봐야 한다는 생각에(핑계일지도 모르지만) 이번에는 비와코 호텔로 향했다.

비와코 호텔

마찬가지로 비와코 호수 주변에 있는 비와코 호텔의 체크인 시간은 오후 3시였다. 그때까지 카페 로비에서 따뜻한 커피를 마시며 비를 피했다. 시간이 남으면 뭘 하랴! 일이지. 프리랜서는 시간과 장소에 구애받지 않고 자유롭게 일할 수 있는 직업이지만, 언제든지 일과 함께하는 사람이기도 하다.

비와코 호텔에는 오쓰 프린스 호텔에는 없는 온천이 있었다. 객실에 짐을 놓고 가운으로 갈아입은 뒤 온천을 즐기러 갔다. 아주 작은 노천탕에 몸을 담그고 비와코 호수를 내려다볼 수도 있다. 기분이 아주 끝내 준다. 사실 온천이라고 해도 우리나라의 대중목욕탕에 가깝기에, 객실에 딸린 노천탕이 아니라면 호텔에서 굳이 온천을 즐길 이유가 없다고 생각했다.

하지만 탕에 몸을 담그는 순간, '교토 숙소에서 쉬어도 쉬어도 피로가 완벽히 풀리지 않은 이유는 온천욕을 하지 않았기 때문이 아닐까'라는 생각이 들 정도로 확실히 피로가 몸에서 빠져나감을 느낄 수 있었다.

방으로 돌아와 다시 일을 하고, 테라스에서 깜깜해지는 비와코 호수를 바라보았다. 마침 분수 쇼를 하고 있었다. 핸드폰에서 흘러나오는 음악을 들으며 비와코의 멋진 분수 쇼를 바라보았다.

순간, 멋진 사진 속 주인공이 된 거 같았다. 그리고 새삼 일과 돈의 소중함을 느꼈다. 번역가가 되기로 결심하지 않았더라면, 책을 쓰지 않았더라면, 한 달 살기를 안 했더라면 내가 시가의 비와코까지 와서 호캉스를 할 수 있었을까? 이렇게 호텔에서 호사를 누릴 수 있는 것도 돈을 벌고 있기 때문이다.

아름다운 분수 쇼를 보며, 앞으로도 계속 호사를 누리기 위해 더 열심히 일해야겠다고 다짐했다. 그리고 내일부터는 다시 열심히 관광하며 얼마 남지 않은 한 달 살기를 잘 마무리 해야겠다고 생각했다.

아름다운 꽃에는 벌이 날아들기 마련

이시야마데라

아침 겸 점심은 비와코 호수 근처에 있는 마도 카페에서 먹었다. 거의 모든 좌석이 창밖의 호수를 바라볼 수 있는 구조다. 나도 한 자리 차지하고 호수를 바라보며 키슈 세트를 먹었다. 키슈를 다 먹고 새 카메라를 조작하며 다음 목적지로 향했다.

이시야마데라 (石山寺)

오늘의 목적지는 '이시야마데라.' 내 인스타를 보고 어느 분이 추천해 주셨다. 찾아보니 세계에서 제일 오래된 소설이라고 알려진 『겐지모노가타리』(겐지 이야기)의 작가, 무라사키 시키부와 연관이 있는 곳이었다. 중학교 때 우연히 『겐지모노가타리』에 대해 처음 알게 되었는데 대략 어떤 내용의 소설인지는 알고 있었던 터라, 이시야마데라가 더욱 궁금해졌다.

오쓰에서 이시야마데라로 가려면 시마노세키 역에서 전철을 타고 이시야마데라 역으로 가면 된다. 시마노세키 역에서 낡고 작은 전철을 타고 시골 여행 기분을 느끼며 열 정거장 정도 가면 이시야마데라 역에 도착한다. 그리고 빠른 걸음으로 15분 정도 걸으면 드디어 이시야마데라에 도착하게 된다.

고즈넉하다는 표현이 절로 나오는 이시야마데라의 아름다운 정문에 발을 디뎠더니 초록빛 터널이 나를 반겼다. 쭉 뻗은 한적한

초록길을 걸었다.

길 끝에는 매표소가 있었다. 표를 끊고 들어가려는데, 뒤에서 북적북적한 소리가 들렸다. 교복을 입은 중학생들이 무리 지어 오고 있었다. 대충 한두 반 정도의 규모 같았다. 소풍이나 체험학습 같은 걸까? 안 그래도 절에 사람이 없어 보여서 길을 잃을까 걱정했는데 다행이었다. 아이들이 매표소를 지나 계단을 올라가길래 나도 무작정 따라 올라갔다.

아이들을 따라 올라간 곳은 이시야마데라의 본당이었다. 관음보살과 좌선하는 스님상 등이 있어, 한번 쓱 둘러보았

다. 그리고 나의 오늘의 목표인 『겐지모노가타리』의 작가, 무라사키 시키부를 찾으러 갔다.

본당 뒤편에는 일본에서 제일 오래된 엄청나게 큰 다보탑이 있었다. 12세기 가마쿠라 막부를 세운 미나모토 요리토모가 지은 다보탑인데, 그렇게 역사적인 다보탑치고는 너무 무방비하게 있어서 깜짝 놀랐고, 그 크기에 한 번 더 놀랐다. 워낙 커서 탑이라기보다는 정자에 가까운 느낌이었다.

다시 무라사키 시키부를 찾아 팻말을 따라갔다. 가는 도중에 보랏빛 꽃들을 발견했는데, 팻말을 보니 후지(등나무꽃)였다. 일본 성씨 중에 '후지와라'를 들어본 적이 있는가? 후지와라의 후지는 이 등나무를 가리킨다. 아름다운 등나무꽃을 조금 더 자세히 보기 위해 등나무꽃 쪽으로 몇 발자국 더 가까이 가려는 순간, 나는 그만 얼음이 되었다. 갑자기 윙-윙- 거리는 소리가 귓가에 맴돌았다. 심상치 않음을 느끼며 살짝 위를 올려다보니 세상에, 엄청나게 큰

말벌이 날개를 파닥거리고 있었다. 거의 엄지손가락만 한 크기였다! 후다닥 뛰어 도망가면 쫓아올지도 모른다는 생각이 들어, 슬그머니 뒷걸음질 치며 등나무꽃에서 멀어졌다. 무서웠다. 저 벌한테 물리면 진짜 큰일

이라는 생각뿐이었다. 살짝 붓
는 정도로 끝나지 않을 거 같았
다. 최소 입원 아닐까? 진짜 저
렇게 큰 벌이라면 입원도 각오
해야 할지 모른다. 그러고 보니
나는 여행자 보험도 안 들었잖
아! 한 달 살기씩이나 하면서
여행자 보험을 안 들다니… 이런저런 생각을 하며 숨을 죽이며 걸
어간 결과, 가까스로 벌에게서 멀어지게 되었다. 하지만 어쩐지 다
시 그 벌이 있을 거 같은 기분이 계속 들어, 괜히 허공을 바라보며
걸었다.

아까부터 팻말을 따라 무라사키 시키부를 만나러 가고 있었는
데, 좀처럼 무라사키 시키부가 나타나지 않는다. 소풍 온 아이 중
무리에서 떨어진 여자아이 한 명이 나랑 같은 방향으로 계속 이 팻
말을 따라가고 있었다. 어쩐지 이 아이를 따라가면 될 거 같은 이
상한 생각이 들었다. 이 아이도 여기가 처음일지도 모르는데 말이
다. 아무튼, 아이를 따라갔다.

아이는 한 손에는 카메라를 들고 다른 한 손에는 지도를 들고 있
었다. 괜찮은 곳이 나오면 사진을 찍고 지도를 쓱 보다가 폴짝폴짝
혼자 걸어갔다. 나도 아이를 놓칠세라 걸음을 재촉했다. 아이와 팻
말을 따라가다가 드디어 무라사키 시키부를 만날 수 있었다.

사진을 찍으려고 카메라를 꺼내 들었는데, 아이와 내가 똑같은 위치에서 사진을 찍으려 했다. 우리는 서로 얼굴을 한 번 마주 보고 겸연쩍게 웃었다. 아이가 양보해주었다.

귀족의 딸로 태어난 무라사키 시키부는 결혼한 지 얼마 되지 않아 남편과 사별하고 그 뒤에 겐지모노가타리를 쓰기 시작했다.

그 시대에는 여자아이에게 일본의 글자인 가나와 와카(시의 한 종류) 정도만 가르쳤다고 하며 한자는 가르치지 않았다고 하는데, 무라사키 시키부의 아버지는 딸의 재능을 알아보고 한자까지 가르쳤다. 이후에는 시와 글쓰기 등으로 재능을 인정받아 일왕의 부인을 가정교사처럼 시중드는 궁녀로 일했다고 한다. 우리나라로 치면 중궁전 최 상궁 정도였을까?

일본 헤이안 시대인 11세기 초에 썼다는 겐지모노가타리는 세계 최초의 소설로 알려져 있다. 겐지모노가타리(源氏物語)를 한국어로 번역하면 '겐지 이야기'이다.

나는 이 소설을 읽으려다가도 생각에만 그치곤 했는데, 이유는 여러모로 엄두가 안 났기 때문이다. 분량이 400자 원고지로 2,400매에 이르니 엄청난 분량이다. 그리고 등장인물이 500명이 넘으며 소설 속의 세월이 70년, 소설 속에 등장하는 와카가 800편이라고 한다. 아무리 고대 언어를 현대에 맞게 잘 번역했다고 해도 분량이 일단 부담스럽다.

제대로 읽어본 적은 없지만, 대략적인 스토리는 조금 알고 있다. 일왕과 신분이 낮은 여자 사이에서 태어난 왕자, '히카루 겐지'의 일생에서 벌어지는 사랑 이야기이다. 여주인공이 한둘이 아니며, 허락받지 못한 사랑은 기본으로 등장하고, 속편에는 겐지의 아들 이야기가 나온다. 세계 최초의 소설이 로맨스 소설이라니, 역시 사랑은 동서고금을 통틀어 어디서나 화젯거리였나보다.

이시야마데라를 한 바퀴 돌고 나왔더니 아이들이 매표소 옆 연못에서 헤엄치는 잉어를 구경하고 있었다. 촐랑대는 남자아이가 잉어를 보고 "코이(잉어)야, 내 코이(사랑)를 이뤄줘!"라고 말장난을 했다. (일본어로 잉어와 사랑을 둘 다 '코이'라고 발음한다) 썰렁한 개그다.

경내의 꽃과 나무가 너무나도 아름다워서 산책하기에 참 좋았던 이시야마데라. 아름다운 절에서 여유롭게 소설 집필이라니 언뜻 보면 낭만적이지만, 아마 작가 무라사키 시키부도 내가 비와코 호수에서 그랬던 것처럼 머릿속은 복잡한 생각으로 가득 차 있었을지도 모른다는 생각이 들었다.

아름다운 이시야마데라와 비와코 호수도 구경했으니 교토로 돌아가기에 충분했다. 시가에서 교토로 향하는 전철을 타고, 진짜 '교토 한 달 살기'를 다시 시작하기로 했다.

색다른 경험, 일본주 아포카토
후시미 양조장

············· 한 달 살기가 얼마 안 남은 오늘, 평소와는 다른 방향으로 지하철역에 가보기로 했다. 사실 한 달 살기가 일주일 남짓 남았다는 생각에 초조했으나, 생각해보면 다들 2박 3일, 3박 4일 정도로 교토에 놀러 오니, 다른 관광객들에 비하면 교토를 즐길 시간은 아직 충분했다.

지도를 보니 익숙했던 교토역으로 향하는 길이 아닌 정반대 길에 있는 지하철역을 이용하는 게 더 빠를 거 같았다. 그래서 한 번도 가지 않았던 길로 가볍게 발걸음을 띄웠다. 안전을 원하는 인간의 욕구에 충실했기에 색다른 길을 시도해보지 않았는데, 가는 길에 예쁜 카페 겸 펍도 있었고 시원한 강과 다리가 나타나 기분이 좋았다. 때로는 이런 사소한 변화가 생활에 활력을 불어넣는다.

후시미 양조장

집 근처에서 게이한 전철을 타고 쥬쇼지마 역에 도착했다. 사카모토 료마와 관련이 있는 데라다야를 슬쩍 들린 뒤에 주택가 거리를 돌아다녔다. 크고 까만 2층짜리 목조 가옥들이 인상적인 골목으로 들어섰다. 조용하고 특이한 거리 풍경이었다.

걷다 보니 입구에 술통을 양옆에 놓아둔 카페 같은 건물이 눈에 들어왔다. 간판이 눈에 띄지 않는 이곳의 이름은 '후시미 유메하쿠슈'였다. 입구 근처의 작은 메뉴를 보고 커피나 마셔야겠다 싶어서 안으로 들어갔다. 크기가 다양한 일본주와 기념품 코너부터 둘러본 후 테이블 석 하나를 잡아 앉았다. 레트로한 인테리어가 인상적이었다.

메뉴판을 펼쳤다. 그냥 일반 카페와 다를 바 없으리라 생각했는데 웬걸, 일본주를 응용한 메뉴가 많았다. 다양한 종류의 일본주가한 잔씩 나오는 일본주 샘플러부터 일본주 바움쿠헨, 일본주 카스텔라까지 있었다! 물론 커피도 있었다. 하지만 술을 이용한 재미있어 보이는 메뉴가 이렇게 많은데 굳이 여기까지 와서 하루에 3잔씩 마시는 그냥 커피를 또 마셔야 할 필요가 있을까? 결국 나는 외쳤다.

"아오자케 바닐라 아이스크림하고 교토 맥주 주세요!"

대낮에 양조장으로 유명한 후시미에서 혼자 술을 즐길 수 있다

니. 이런 일상 속 간단한 사치를 나는 무척 좋아한다.

아오자케 바닐라 아이스는 아포카토처럼 바닐라 아이스크림 위에 술을 부어 먹는다. 커피 아포카토라면 몰라도 일본주를 부어 먹는 아포카토는 처음이라 재미있었다. 일본주를 끼얹은 바닐라 아이스크림을 한입 먹으니 새콤달콤함과 내가 좋아하는 바닐라 향이 입안 가득 느껴졌다. 행복했다. 너무 부드러운 맛에 앞으로 이자카야에서 일본주를 종종 주문하게 될 거 같은 기분이 들었다.

맥주와 아포카토를 먹으며 찾아보니 후시미는 물이 맑기로 유명해서 예로부터 술이 많이 만들어졌다고 한다. 그래서 이렇게 양조장이 많았구나. 일본주 브랜드 '월계관(月桂冠)'의 기념박물관이 이 양조장 거리에서 유명하다고 한다. 사실 평소에 맥주와 청하, 매화주, 가끔 스파클링 와인 정도만 즐기는 터라 일본주 브랜드가 익숙지 않는데, 일단 유명하다고 하니 머릿속에 저장해 두었다.

집에 가는 길에 월계관 기념관에도 슬쩍 들러보았는데, 월계관이 유명하긴 한지 사람들이 꽤 있었다. 안에는 여러 종류의 술이 전시되어 있었고 본격적으로 입장하려면 입장권을 구매해야 했다. 나는 월계관이라는 브랜드조차 잘 알지 못하는 터라 입장하지는 않았다.

역으로 가다 보니 작은 강줄기에 배가 띄워져 있었다. 양조장 카페에서도 뱃놀이와 관련된 팸플릿을 본 거 같았다. 찾아보니 후시미에서는 양조장 거리를 구경하는 뱃놀이를 할 수 있었다. 시간이 맞았더라면 한 번 타보았을 텐데, 안타깝게도 타보지 못했다.

오늘은 이렇게 간단하게 후시미 지역을 둘러본 뒤, 교토고쇼의 카와 커피에 가서 번역일을 했다. 앞으로 한 달 살기가 얼마 남지 않아 후시미에 또 가볼 순 없겠지만 다음에 교토에 온다면 간을 튼튼하게 만들고 주량을 늘려 종일 양조장 투어를 하고, 물 맑은 후시미의 뱃놀이도 즐겨보고 싶다. 그때는 커다란 일본주도 캐리어에 넣어 와야지. 만약 술을 좋아한다면 후시미 양조장 투어를 추천한다.

26 일차 4월 29일

일본에서 만난 반가운 손님

텐류지, 아라시야마 치쿠린

･ ･ ･ ･ ･ ･ ･ ･ ･ ･ ･ ･ ･ ･ ･ ･ ･ ･ ･ 열흘이나 되는 2019년 일본의 골든 위크 기간인 오늘, 도쿄에서 키요 언니가 놀러 왔다. 오전에 교토에 와서 저녁에 돌아가는 스케쥴이었다. 우리로 치면 아침에 부산에 갔다가 저녁에 KTX를 타고 서울로 돌아가는 스케쥴인 셈이다. 일본은 교통비가 비싸서 도쿄-교토 교통비와 도쿄-한국 교통비가 비슷할 정도인데, 오랜만에 나를 만나러 교토까지 와준다고 하니 정말 고마웠다.

몇 년 만에 만난 우리는 어색하기도 하고 반갑기도 한 인사를 나누었다. 그리고 오늘 함께 아라시야마에 가기로 했다. 지난번에 내가 갔던 루트와는 달리, 이번에는 교토역에서 아라시야마행 버스를 탔다.

1시간 정도 버스를 타고 가면서 몇 년간 쌓였던 서로의 근황을 업데이트했다. 내가 최근에 결혼한 이야기, 서로의 일 이야기 등을 나누다가 내가 물어보았다. "요새 일본에서 뭐가 인기 있어요?" 그러자 키요 언니는 "샹샹"이라고 답했다. 샹샹? 그게 뭐지? 들어보니 샹샹은 2017년에 태어난 우에노 동물원의 새끼 판다였다. 인터넷이나 방송 등에서 샹샹의 근황과 성장 발육에 대해 종종 알려주는데, 무척 인기가 있단다. 샹샹을 보기 위해 1~2시간씩 동물원에서 줄을 설 정도다. 키요 언니도 자신의 핸드폰 배경 화면이 샹샹이라며 보여주었다. 사실 판다에는 별 관심이 없지만 사람들이 줄을 서면서까지 샹샹을 보고 배경 화면 으로까지 설정한다고 하니, 판다를 향한 사람들의 관심이 훈훈하게 느껴졌다.

아라시야마에 도착하니 지난번보다는 날씨가 조금 따뜻해져서 뱃놀이하는 사람들이 많았다. 지난번에는 리락쿠마 카페와 경치를 둘러보았으니 이번에는 전에 가보지 못한 치쿠린 숲에 가보기로 했다.

일단 텐류지(天龍寺)로 향했다. 상점가를 따라 텐류지로 가는 길에 있는 건물 창가에 부엉이 카페 '아라시야마 부엉이의 숲(嵐山フクロウの森)'의 부엉이들이 보였다. 부엉이들은 2층 건물 창가에서 우리를 고고하게 내려다보며 감상하고 있었다. 그리고 우리는 그런 부

엉이를 구경했다. 서로가 서로를 구경하는 아이러니다. 그러고 보니 부엉이는 야행성 아니었나?

　세계문화유산인 텐류지에는 이곳저곳에 예쁜 꽃들이 만발해 있었다. 이제 곧 5월이다. 교토에 처음 왔던 4월 초에는 정말 추워서 숙소에서도 오들오들 떨었던 기억이 나는데, 벌써 꽃들이 아름답게 필 정도로 따뜻한 날씨가 되었다. 시간의 흐름을 새삼 느꼈다.

아라시야마 치쿠린(竹林)

　텐류지를 가볍게 둘러보고 사람들을 따라 가보니 대나무숲이 나타났다. 텐류지 안에 치쿠린과 연결된 통로가 있었다. 골든위크라 사람들로 붐볐지만 모두 좁은 길을 따라 대나무를 구경했다. 곧고 길게 뻗은 대나무 가득한 길을 걷고 있으니 갖가지 생각이 들었다. 이 대나무들은 몇 년 동안 자랐길래 이렇게 키가 큰 걸까? 이 대나무들은 매일 관리되고 있는 거겠지? 길이 없었더라면 대나무 천지인 이곳을 못 빠져나가지 않았을까? 언제부터 이런 대나무 숲이 생긴 걸까? 궁금했지만 굳이 찾아보고 싶지는 않았다.

　하늘 높이 치솟은 대나무들은 장관이었다. 나중에 이렇게 큰 대나무숲 사진을 어디선가 본다면 "나도 이런 곳에 가본 적이 있었지"라며 아라시야마 치쿠린 숲을 떠올릴 수 있도록 지금 지나가는 대나무숲의 느낌을 잘 기억해두고 싶었다.

　사람이 많아서 달력 사진처럼 대나무 숲에 홀로 서 있는 사진은 찍지 못했다. 비록 치쿠린에서의 내 독사진은 많은 사람의 뒤통수가 함께 찍혔지만, 그래도 길옆으로 빼곡한 대나무 숲만은 사진으로 남길 수 있었다.

아라시야마에서 치쿠린 숲을 보고 조금 산책한 뒤, 다시 버스를 타고 교토역으로 돌아왔다. 평소에 아라시야마는 쉽게 갈 수 있는 곳이 아니며, 교토역과 아라시야마가 조금 거리가 있다고 생각했다. 하지만 키요 언니와 함께하니 헤매지 않고 버스를 타고 바로 교토역에 도착할 수 있었다. 한 달 동안 아는 사람 없이 혼자서 모든 것을 해결하다가 누군가와 함께 있으니 힘이 났다.

교토역에 도착한 우리는 나머지 시간을 교토 타워의 딸기 뷔페에서 보냈다. 외국인 친구가 몇 년 만에 연락해서 어려운 부탁을 했는데 선뜻 부탁을 들어준 고마운 키요 언니에게 답례하고 싶어서 디저트 뷔페를 예약해서 함께 즐겼다.

뷔페를 즐기고 기차 시간이 다 되어 언니는 도쿄로 향했다. 교토까지 와준 키요 언니를 보며 내가 그래도 인복은 있구나라는 생각이 들었다. 앞으로 아라시야마 치쿠린을 떠올리면 키요 언니가 제일 먼저 생각나겠지. 누군가와 함께한 추억은 쉽게 잊히지 않는다.

. . . .

텐류지

운영 시간 8:30 ~ 17:30 **텐류지 정원 입장료** 고등학생 이상 500엔 초등학생
·중학생 300엔 미취학 아동 무료

. . . .

금각사와는 또 다른 매력이

은각사, 카페 하나우사기

• 침대에서 뒹굴다가 한 달 살기
가 며칠 안 남은 지금, 과연 내가 은각사에 갈 수 있을지 궁금해졌
다. 어쩐지 남의 얘기처럼 말하는데 미래의 자신은 타인과도 같지
않나 싶다. 금각사를 갔으니 은각사도 가봐야 후회가 없을 거 같은
데, 좀처럼 가고 싶다는 마음이 들지 않았다. 금각사보다는 은각사
가 더 좋았다는 블로그 후기도 많은데 말이다. 하지만 귀국 3일을
남겨두고 이대로 가다간 정말 못 갈 수도 있겠다는 생각에 차일피
일 미뤄두었던 은각사로 향했다.

버스정류장에 내려 은각사로 향하니 철학의 길이 나왔다. 철학
의 길 주변이라고는 들었지만 이렇게 지나가게 되니 내심 반가웠
다. 처음과 끝을 모두 철학의 길과 함께한다는 생각도 들었다. 철학
을 염두에 두고 교토에 온 건 아니지만 말이다.

4월 초 철학의 길은 벚꽃과
함께였는데, 5월 초 철학의 길
은 햇빛 반짝이는 선명한 초록
잎사귀로 가득했다. 바닥에는
코모레비의 흔적들이 잔뜩 생
겼다. 코모레비(木漏れ日). 나뭇잎
사이로 비치는 햇빛을 가리키

는 일본어이다. 어쩐지 발음이 귀여워서 좋아하는 말이다. 코모레
비 가득한 철학의 길을 천천히 걸었다.

표지판을 따라 쭉 걸어가다 보면 철학의 길이 끝나고 한산한 도
로가 나온다. 그 도로에서 조금 더 들어가면 예쁜 카페들이 보인다.
주말이라 사람들로 복작복작했지만 예쁜 카페에 시선이 먼저 갔
다. 카페들을 모두 지나치기 아쉬워서 한 곳에 들러 보기로 했다.

카페 하나우사기

마당이 있는 한적한 카페 하나우사기에서 와라비모치 세트를
시켰다. 커피도 있었지만 은각사는 엄연한 불교 사찰이니 분위기
에 맞추어 차를 마시고 떡을 먹고 싶었다.

접시에 와라비모치가 나왔다. 헤이안 신궁에서 말했듯이, 언젠
가 와라비모치와 관련된 글을 번역했지만 그 정보는 모두 휘발되
어버린 터라 와라비모치가 무엇인지 다시 검색해보았다. 와라비모
치는 고사리 가루와 꿀과 물을 사용해서 만든 떡이다. 고사리(일본
어로 '와라비'라고 한다) 가루로 만들어서 와라비모치다. 마치 인절미같
이 생겼다. 여기 검은 꿀을 뿌려서 먹는다.

고소하고 달콤한 와라비모치를 먹고 차를 마시며 은각사는 어
떤 곳일까 상상했다. 금각사처럼 반짝이는 금각이 있는 것도 아닌
데 그렇게 유명한 이유가 무엇일까. 사람들의 마음을 움직이는 무
언가가 있는 걸까. 은각사에 대한 내 기대는 금각사보다는 낮았다.

기대는 낮았지만 사람들이 그토록 좋다고 칭찬한 이유가 궁금했다. 그 이유를 찾으러 와라비모치를 가뿐히 먹고 자리에서 일어나 은각사로 향했다.

은각사(銀閣寺)

화창한 날씨에 북적이는 사람들. 도시락과 돗자리는 없지만 마치 소풍 온 듯한 기분이 들었다. 은각사 정문을 넘어가니 양옆으로 붉은 꽃이 져버리고 초록 잎만 남은 동백들이 큰 키를 뽐내고 있었다. 초록빛 동백을 따라가다 보면 매표소가 나온다. 입장권은 금각사와 마찬가지로 부적이었다. 역시 교토다웠다.

은각사에 들어서면 목제 건물의 하얀 외벽과 초록색 나무의 대비부터 만날 수 있다. 마치 그림으로 그려 놓은 듯 깔끔하고 정리된 풍경이다. 그리고 금각과 마찬가지로 안으로 들어가면 바로 은각이 나온다. 은각을 본 순간, 금각에 감탄했던 것과는 다른 의미로 감탄하고 말았다.

　금각은 화려한 금으로 자신을 뽐냈다. 하지만 은각은 아무런 치장이 없었다. 그런데 그 모습이 참 고고했다. 이런 비유가 어울리는지는 모르겠지만 금각이 아름답고 세련된 최신 디자인의 옷을 입은 사람이라면, 은각은 마치 무심하게 아무거나 걸쳤는데도 기품이 느껴지는 사람 같았다.

　사실 금각을 지은 아시카가 요시미츠처럼 은각을 지은 아시카가 요시마사도 은으로 된 은각을 짓고 싶었다고 한다. 하지만 재정 문제로 불가능했고 지금의 은각으로 남게 되었다. 은으로 도배되지 않은 게 어쩌면 다행이라고 생각될 정도로 은각사는 기품이 넘치고 고고했다.

은각에서 옆으로 눈을 돌리
면 은색 모래를 밭처럼 갈아 놓
고 쌓아놓은 긴샤단(銀沙灘)과 높
이 180cm 정도의 코게츠다이
(向月台)가 보인다. 은색 모래를
둥근 원형으로 쌓아 놓은 것이 바로 코게츠다이다. 코게츠다이를
우리나라 한자음으로 읽으면 향월대, '달을 향하는 곳'이라는 뜻이
다. 코게츠다이 위에 올라앉아 산에 뜨는 달을 바라보았다는 설이
있는데, 이러한 원통 모양이 된 것은 은각사가 지어지고 꽤 시간
이 흐른 뒤의 일이라고 한다. 그리고 하얀 모래를 쌓아 밭처럼 갈
아둔 긴샤단은 달빛을 반사하는 역할을 한다고 하니, 밤에 오지 못
한 게 아쉬웠다.

하얀 모래를 보니 엔토쿠인에서 만들었던 타쿠죠시로스나센비키가 떠올랐다. 그때 내가 만든 작은 흰 모래 정원을 확대하면 이런 느낌이겠지? 코게츠다이와 긴샤단은 그 용도를 추측만 할 뿐, 어째서 만들어졌는지 그 이유는 확실하지 않다고 한다. 그래서 더 코게츠다이와 긴샤단의 이야기를 상상하게 된다.

은각사 안쪽으로 들어가면 산책로가 있다. 아라시야마 치쿠린과는 다른 분위기의 대나무숲을 따라가면 자꾸 안내표지판이 위쪽으로 올라가라고 말한다. 계단과 언덕길을 싫어해서 조금 짜증이 났지만 그래도 열심히 따라갔더니 귀엽고 예쁜 경치가 나타났다. 기요미즈데라처럼 탁 트인 넓은 경치가 아닌 높은 건물이 눈에 잘 띄지 않는 귀여운 경치 말이다.

멋지고 기품 있게 꾸며진 은각사 정원은 한 번 둘러볼 만하다. 아름다운 나무들이 푸르고, 샘물이 흐르는 곳이다. 이곳을 매일 산책하는 것이야말로 진정한 사치가 아닐까 생각될 정도로 은각사의 정원은 아름답다. 정원을 한 바퀴 둘러본 후, 다시 은각을 마주

하고 사람들을 따라 사진을 여러 장 찍었다. 은각은 주위의 자연과 어울린 풍경이 너무나도 아름답다. 만약 주변의 자연이 없이 은각만 있었더라면 이 정도의 느낌은 없었을 것이다.

문득 한 달 살기를 마무리하기 전에 은각에 오길 잘했다는 생각이 들었다. 만약에 금각만 보고 은각을 보지 않았더라면, 어쩐지 미완성된 여행 같은 느낌이 아니었을까. 언젠가 기회가 된다면 달 뜨는 밤에 은각을 다시 방문해서 코게츠다이와 긴샤단에 비치는 달빛을 바라보고 싶다.

은각사에서 나오면 녹차 슈크림 아이스크림 가게가 있다. 네이버 포스트 '한 달의 교토' 일기 금각사 편에 은각사 앞 슈크림이 맛있다는 댓글을 어떤 분이 달아주셨다. 마침 생각나서 하나 사 먹어 보았는데 시원하고 맛있었다.

슈크림 아이스크림을 먹으며 잠시 생각에 잠겼다. 교토 한 달 일기를 꼬박 연재했고 그 일기의 댓글들로 여행을 지속할 많은 힘과 정보를 얻었다. 이 여행은 나 혼자 하는 여행 아니라 많은 사람의 관심으로 이루어진 감사한 여행이었다. 초보 나 홀로 여행객의 한 달 살기 일기를 지켜봐 주신 여러분께 감사 인사를 전하고 싶다.

은각사

운영 시간 하계(3월 1일 ~ 11월 30일) 8:30 ~ 17:00 동계(12월 1일 ~ 2월말)
9:00 ~ 16:30 연중무휴 **입장요금** 성인 · 고등학생 이상 500엔 초등학생 · 중학
생 300엔

미니 여행 일본어 코너

銀閣寺 (ぎんかくじ, 긴카쿠지)   은각사

アイスクリーム (아이스크리 - 무)   아이스크림

교토의 봄 한 조각을 품다

쇼세이엔, 크래프트하우스 교토, 마마 커피

⋯⋯⋯⋯⋯⋯⋯⋯⋯⋯ 남은 이틀 동안에는 그동안 궁금
했으나 굳이 일부러 가긴 뭐해서 '나중에 가자'라며 미뤄두었던
장소들을 찾아가 보기로 했다. 귀국도 귀국이지만, 번역일의 마감
이 가까워져 오고 있어서 마음이 급해졌다. 가보고 싶었지만 여러
번 지나치기만 했던 집 근처의 '크래프트하우스 교토'라는 카페 겸
펍을 방문해 보았다.

크래프트하우스 교토(Crafthouse Kyoto)

크래프트하우스 교토는 세련된 펍 인테리어가 인상적이었다. 오
전 11시부터 맥주와 커피를 모두 판매했다. 카운터석에 앉아 컴퓨
터를 펴고 커피를 주문했다.

열심히 일하는 동안, 카페에는 외국인들이 많이 드나들었다. 주
로 영어를 쓰는 사람들이 커피를 주문하고 들고 나갔는데, 직원들
모두 능숙한 영어로 유쾌하게 응대했다. 밤에 맥주를 마시러 오면

어쩐지 재밌을 것 같았지만, 오늘과 내일은 짐 정리와 번역일로 빠듯하다는 생각에 포기했다. 왜 이제야 여기를 알았을까! 역시 뭐든 미루는 건 좋지 않다.

열심히 업무의 진도를 뺀 뒤에, 이번에는 집 근처의 구글 지도를 볼 때마다 궁금했던 곳에 가기로 했다. 쇼세이엔이다.

쇼세이엔(渉成園)

교통편을 찾기 위해 숙소 근처를 구글 지도로 볼 때마다 눈에 밟혔던 곳이 있다. 집 근처의 커다란 공원 같은 곳이었는데, 도대체 저긴 뭘까 궁금했지만 유명한 관광지들을 제치고 굳이 가야 할 필요가 있을까 하는 생각에 여태까지 가지 않았다. 하지만 오늘 가지 않으면 아마 한국에 가서도 "거긴 도대체 뭐였을까…"라며 쓸데없이 아련하게 생각에 잠길 것 같으니, 오늘 궁금증을 해소해보기로 했다.

크래프트하우스 교토에서 지도를 따라 쭉 걷다 보니 목적지의 테두리에 다다랐다. 나는 그곳의 담장을 따라 걷고 있었다. 내 목적은 담장 따라 걷기가 아니라 안에 입장하는 것이었기에 입구를 찾았지만, 좀처럼 입구가 나오지 않았다. 교토고쇼의 기억이 되살아났다. 하필이면 또 반대 방향으로 돌고 있었다. 겨우 한참을 걸어 입구에 다다랐다.

500엔의 입장료를 냈더니 팸플릿을 주었다. 검은색 팸플릿과 보라색 팸플릿 중에 선택하란다. 검은색은 정원에 대한 설명, 보라색은 정원 안의 식물에 대한 설명이라고 하여 검은색을 선택했다.

사람 없는 조용한 입구를 뚜벅뚜벅 걸어 들어갔다. 이곳은 주변이 온통 주택가여서 다른 관광지보다 사람이 많지 않을 만도 했다. 연못의 돌계단을 건너 안으로 더 들어갔더니 연못이 있는 정원이 나타났다. 쇼세이엔. 이곳은 히가시혼간지의 별장이다. 쇼세이엔이라는 이름은 무릉도원을 노래한 중국의 시인, 도연명의 시 '귀거래사'의 1절에서 따온 것이다.

쇼세이엔에서는 봄의 푸르른 나뭇잎이 바람에 흔들리는 소리가 들렸다. 도심 속에서 아무런 방해 없이 이런 소리를 들을 수 있다는 게 신기했다. 물론 몇 초 뒤에 다른 관광객들의 발소리가 들리긴 했지만 말이다. 잘 정리된 나무들 사이로 작은 목조건물들이 보였다. 모두 어떤 용도의 건물인지는 알지 못했으나 낮은 건물들을 구경하는 것도 재미있었다.

연못에 나무 그늘이 비쳤고, 자라와 오리들이 헤엄치고 있었다. 마치 영화나 애니메이션의 배경이 될 법한 곳이었다. 저 멀리 교토타워가 보였다. 연못과 나무와 교토타워라니. 그림 속 풍경 같았다. 어릴 땐 자연이 푸르거나 말거나 별 관심이 없었는데, 이제는 자연과 경치에 관심이 간다는 게 신기하다. 주변을 둘러보며 걷기를 조금이라도 즐기게 될 줄은 몰랐다.

쇼세이엔은 그다지 크지 않아서 말 그대로 산책하기 참 좋은 곳

이었다. 가을이 되면 단풍이 볼 만할 것 같았다. 언젠가 가을날에 교토에 오면 쇼세이엔의 단풍을 즐겨봐야지. 분명 벚꽃 시즌에도 굉장했을 것이다. 직접 확인하지 못해서 장담할 수는 없지만, 어쩌면 '한 달의 교토'에서만 소개하는 교토의 숨겨진 벚꽃 명소가 되었을지도 모른다.

약 30분 동안 천천히 사진을 찍으며 쇼세이엔을 한 바퀴 돌고 출구 쪽에 있는 건물의 툇마루에 앉았다. 다른 관광객들도 툇마루에 앉아 쉬고 있었다. 쇼세이엔의 고요한 분위기 속에서 정원을 바라보았다. 이렇게 역사적이고 잘 관리된 정원이 주택가 한가운데 있다니. 진짜 교토다운 정원이었다.

마마 커피(MurMur coffee)

쇼세이엔에서 나와 이번에는 마마 커피로 향했다. 쇼세이엔에서 350m 정도 떨어진 마마 커피는 주택가의 하천이 있는 길가에 있었다. 가게 앞쪽의 큰 문을 열어 두어 솔솔 불어오는 봄바람이 느껴졌고 흐르는 하천의 소리도 들을 수 있었다. 하천의 나무들 덕분에 청량감 가득했다.

가게 안에 자리를 잡고 노트북을 펼쳤다. 점심을 먹지 않았기에 피자 토스트를 시키고 번역일을 시작했다. 피자 토스트가 무척 맛있어서 프렌치토스트까지 시켜보았는데 역시 맛있었다.

하천 흐르는 소리가 섞인 카페 음악을 들으며, 맛있는 음식을 먹

고 봄 향기를 맡았다. 어쩐지 교토를 떠나기 아쉬워지는 멋진 오후였다.

열심히 일하고 집으로 향하면서 새삼 4월과 5월 사이의 변화를 떠올렸다. 처음 왔을 때는 너무나도 추워서 따뜻한 커피만 찾았는데 한 달 사이에 아이스 아메리카노를 마시게 되었고, 벚꽃은 모두 지고 초록 잎들로 가득해졌다.

이렇게 봄이 꽃피다가 여름으로 들어설 것이다. 그리고 나는 교토가 서서히 봄을 맞이하는 한 달간의 시간을 함께할 수 있었다. 교토의 봄 한 조각을 오롯이 가지게 된 기분이 들었다.

• •

크래프트하우스 교토

영업 시간 11:30 ~ 24:00 부정기 휴무

쇼세이엔

운영 시간 3월 ~ 10월 9:00 ~ 17:00 (접수는 16:30 까지) 11월 ~ 2월 9:00 ~ 16:00 (접수는 15:30까지) 연중무휴 입장료 성인 500엔 고등학생 이하 250엔

마마 커피

영업 시간 9:00 ~ 17:00 일요일 휴무 좌석 14석 (전석 금연)

• •

천년의 세월을 품은 떡 가게

이마미야 신사, 이치몬지야 와스케

· 오늘은 일정이 없었다. 하지만 시
간도 남고, 이대로 한국에 가기도 아쉬워서 지인에게 스치듯 들었
던 곳에 가보기로 했다. 교토 한 달 살기의 마지막 관광지다. 토실
토실한 히가시혼간지의 잉어들을 바라보며 버스를 기다렸다. 잉어
들아, 잘 있으렴. 나는 추억을 안고 떠날 거야. 히가시혼간지도 안
녕. 한 달 동안 즐거웠어.

50분 정도 버스를 타고 내려 구글 지도를 따라 걸었다. 골목으로
들어서자 도리이의 밑동이 보였다. 과거 태풍으로 도리이가 훼손
되어 도리이의 밑동만 남아있는 곳. 곧 웅장한 도리이를 다시 세울
거라고 한다. 도리이를 지나 쭉 걸어가다 보면 유난히 선명하고 빨
간 신사의 정문이 보인다. 오늘의 목적지는 이마미야 신사와 아부
리모치다.

이마미야 신사(今宮神社)와 1000년의 아부리모치(あぶり餅)

멀리서 이마미야 신사의 정문이 보였다. 화창한 날씨와 너무 잘
어울리는 이마미야 신사의 주홍빛 색감에 기분이 들떴다. 신사 문
턱에 들어서자 평화로운 공원 같은 광경이 펼쳐졌다. 날씨가 화창
하고 햇살이 따사로우며 이마미야 신사는 단정하고 평화로웠다.

신사 안을 한 바퀴 빙 돌면서 금빛의 커다란 가마를 구경하다가
여자의 얼굴이 새겨진 부조 앞에서 걸음을 멈추었다. 아, 이 사람이

바로 오타마(お玉)다.

　오타마. 일본어에 '타마노코시(玉の輿)'라는 관용어가 있는데, 이 말의 기원이 된 여성이 바로 오타마이다. 원래 낮은 신분이었으나 에도시대 쇼군의 측실이 되어 아들을 낳았고, 그 아들이 훗날 쇼군이 되어 쇼군의 어머니가 되었다. 우리나라로 치면 숙종의 후궁이자 영조의 어머니인 숙빈 최씨와 비슷한 입장이었을 거 같다.

　이러한 타마의 코시(가마)를 가리키는 타마노코시라는 말에는 '여자가 시집을 잘 가서 영화를 누린다'라는 뜻이 담겨있다. 흔히 말하는 신데렐라 이야기다. 지금 시대와는 여러모로 어울리지 않지만 말이다.

　이마미야 신사는 지금으로부터 약 1000년 전인 헤이안 시대에 역병 퇴치를 기원하는 신사로 세워졌다. 1400년대 후반에 한 번 불타 없어졌으며 그 후에 재건을 도모했는데, 실제로 재건된 것은 17세기 에도 막부 3대 쇼군 때였다. 바로 이 3대 쇼군의 어머니가 오타마였고, 그의 힘으로 재건되었다고 한다. 지금은 이마미야 신사에 행운이나 좋은 인연을 기원하러 사람들이 온다고 한다.

신사가 큰 편이 아니라 도착한 지 몇십 분이 지나지 않아 거의 다 둘러볼 수 있었다. 신사를 둘러보고 출구로 향했다.

사실 오늘의 진짜 목적지는 이마미야 신사 정문의 오른쪽에 있는 동문을 빠져나가면 등장한다. 바로 '아부리모치' 가게다. 나는 오늘 '아부리모치'라는 이름도 생소한 음식을 먹으러 왔다. 예전부터 아부리모치를 좋아해서 먹으러 온 거냐고 묻는다면 그건 절대 아니다. 나는 아부리모치를 먹어본 적도 없고, 어떻게 생긴 음식인지도 잘 알지 못한다. 인터넷으로 검색해서 겨우 구운 떡이라는 것을 알았을 뿐이다. 하지만 이렇게 생소한 음식을 먹으러 1시간이나 버스를 타고 온 데는 이유가 있다.

이마미야 신사 동문 쪽 길 양옆에는 아부리모치집이 한 곳씩 있

다. 이마미야 신사에서 나오는 방향에서 봤을 때 왼쪽에는 이치몬지야 와스케(一文字屋和輔), 오른쪽에는 카자리야(かざりや)라는 아부리모치 가게가 있다. 오늘의 최종 목적지는 이치몬지야 와스케.

이치몬지야 와스케는 지금으로부터 1000년 전에 문을 연 아부리모치 가게다. 서기 1000년에 이 자리에서 개업, 무려 1020년째 영업 중이며 지금까지 천 년의 전통이 이어져 내려오는 가게다. 1000여 년 동안 한자리에서 한 음식으로만 영업 중인 셈이다. 아부리모치가 어떤 음식인지는 알지 못했지만 1000년이나 이어져온 떡 구이 가게에는 큰 흥미가 생겼기에 이곳에 오게 되었다.

도대체 어떻게 1000년이나 계속 장사를 할 수 있었을까? 아 참, 맞은편의 카자리야도 에도시대부터 영업해온 400년이 넘는 역사를 지닌 가게였다. 다른 곳에서는 2, 3백 년도 굉장한데, 교토에는

워낙 오래된 가게들이 많아서 1, 2백 년 가지고는 담담할 정도다. 게다가 이치몬지야 와스케는 1000년 된 가게라고 하니 진짜 대단하다는 생각이 들었다.

가게는 테라스처럼 뚫려 있었다. 줄을 서서 기다리다가 차례가 되어 길가가 잘 보이는 자리에 걸터앉았다. 자리에 앉자마자 직원이 귀여운 주전자와 찻잔을 내주었다. 주전자에서 차를 따라 마시면서 메뉴를 보았다. 메뉴판에는 딱 두 줄이 쓰여 있었는데, 윗줄은 아부리모치 500엔, 아랫줄은 아부리모치 포장이었다.

한참 기다리니 드디어 아부리모치가 나왔다. 그런데 어째 좀 이상했다. 일단 꼬치에 끼워져 있다. 그리고 새까맣게 불에 탄 부분도 있는데, 떡의 양이 매우 적어 보였다. 그리고 불투명하고 끈적해 보이는 소스가 뿌려져 있었다. 이게 떡인지도 조금 의심스러울 정도였다. 이게 떡이라고? 이상한데? 혼란스러웠다. 1000년 전에도 사람들이 이걸 먹었다고? 아부리(炙り)는 '불에 그을린다'는 뜻이고, 가게 앞 화롯가에서 끊임없이 떡을 굽는 사람이 있으니 구운 떡인 건 확실했다. 하지만 이 비주얼, 과연 괜찮으려나? 하나의 꼬치에 끼워진 떡의 양은 적었지만, 꼬치수가 꽤 많아서 어쩌면 아깝게 남길 수도 있겠다는 생각도 했다. 맛을 전혀 짐작하지 못한 상태로, 두려움과 호기심을 품고 아부리모치 하나를 먹었다.

의심스럽게 생긴 비주얼과 다르게 아부리모치는 정말 맛있었다! 1000년 동안 아부리모치만 팔아올 만했다. 어떤 소스인지 짐

작은 가지 않았지만, 달콤하기도 하면서도 짭짤한 것이, 진정한 단짠의 조화였다. 그리고 구운 떡은 따끈따끈하고 쫀득쫀득했다. 이게 어떻게 맛없을 수 있을까? 마치 인절미보다 단단하고 쫀득거리는 떡을 구워서 단짠 소스를 뿌린 맛이라고 해야 하나? 녹차와도 매우 잘 어울렸다. 이건 끊임없이 먹을 수도 있을 거 같았다.

나중에 정보를 찾아보니 소스의 정체는 조청과 흰 된장이었다. 그리고 숯불에 구워서 떡의 비린내를 잡아 주기 때문에 맛있다고 한다.

1000년이라. 그 긴 시간 동안 계속 영업해온 가게에서 떡을 먹고 있다는 사실이 새삼 신기했다. 스마트폰도, 컴퓨터도, 노트북, 심지어 플라스틱도 1000년 전에는 없었다. 1000년 동안 크고 작은 전쟁이 일어났고, 수많은 역사 속 인물들이 살았으며, 많은 것이 발명되었다. 하지만 이치몬지야 와스케는 1000년 전이나 지금이나 한자리에서 떡을 팔고 있다. 감탄이 나왔다.

아부리모치를 다 먹고 쉼 없이 떡을 굽고 있는 화로를 바라보았다. 사람의 손으로 일일이 구워내는 아부리모치. 1000년 전이나 지금이나 마찬가지의 맛이겠지? 긴 세월 동안 가게의 주인이 바뀌었을 법도 한데, 무려 28대째 한 집안에서 운영하는 가게라고 하니 이 사실 또한 놀라웠다. 화로에서 따끈따끈하게 구워지는 떡을 바라보며 한국에 있는 가족들에게 맛보여주고 싶다고 생각했지만 유통기한이 하루라고 해서 아쉽게도 포장은 할 수 없었다.

이마미야 신사에서 나와 버스를 탔다. 이것으로 한 달의 교토 마지막 관광을 마무리했다. 집에서 조금 일을 하다가 저녁에는 교토 여행 중 온라인으로 우연히 알게 된 다정한 분을 만나 이자카야에서 교토와 번역에 관한 이야기를 나누었다.

그분은 교토에서 몇 년 동안 거주하고 계신 분이었다. 맛집도 추천해주시고 이것저것 알려주셔서 너무 감사했는데, 정작 만나서는 교토에서 힘들었던 일들만 잔뜩 이야기했다. 나중에 생각해보니 내게 호의를 표하는 좋은 분을 만나 나도 모르게 어리광을 피웠던 게 아닌가 싶다. 교토에서 좋은 추억도 참 많았는데 왜 그랬는지. 이 자리를 빌려 감사의 인사를 전한다.

이 여행이 잘 마무리될 수 있었던 건 역시 많은 분의 도움 덕분이다. 혼자였지만 혼자가 아니었다.

내일은 한국으로 돌아가는 날이다. 이런 날이 오지 않을 줄 알았는데…. 숙소 테라스에서 반짝이는 교토타워를 바라보니 그제야 진한 아쉬움이 느껴졌다. 재미있었다. 행복했어. 그리고 고마웠어, 교토. 한 달 살기는 이것으로 마지막이지만 나중에 또 보자!

• ●

이치몬지야 와스케(이치와)

영업 시간 10:00 ~ 17:00 아부리모치 1인분 500엔 휴무일 수요일

• ●

🌸 **에필로그**

　　　　　　　　　누군가가 "교토 한 달 살기 다녀
왔다며? 어땠어?"라고 묻는다면 이렇게 대답할 것이다.

　"교토는 가시가 있는 아름다운 장미 같은 곳이었습니다."

　교토, 아름다운 도시에서의 한 달 살기는 분명 좋은 경험이었다.
하지만 한편으로는 힘들기도 했다. 한 달 살기가 끝나고 교토를 떠
날 때만 해도, '이 책은 나의 교토 수난기(?)가 될 거야!'라고 생각
할 정도였다. 그러나 원고를 집필하면서 시간이 흘렀고, 교토에서
의 좋았던 기억만 남게 되었다. 교토를 떠나온 지 10개월이 지난
지금은 교토를 그리워하고 있다.

　뭐가 그리 힘들었냐고, 책만 읽어보면 잘 지내다 온 거 같은데
뭐가 문제였냐는 생각이 들 것 같다. 이상하게도 나는 '교토에서
이러이러한 점이 힘들었어!'라고 쉽게 답할 수가 없다. 뭐하나 콕
집어서 말하기는 참 힘들다. 분명하게 말할 수는 없지만, 교토는 정
말 만만치 않은 도시였다.

　교토라는 도시뿐만 아니라 외국에서 한 달 살기 자체도 쉬운 일
이 아니었다. 이건 그나마 자세한 설명이 가능하다. 먼저 드문드문
관광을 쉰 날도 있었지만, 평소에 운동을 하지 않아 체력이 부족한

사람이 무리하게 관광을 하다 보니 한 달에 3㎏이나 살이 빠졌다. 보통 하루에 2만 보씩 걸었다. 체력적으로 너무 힘들었다.

3박 4일 해외여행을 가면 조금 힘들어도 열심히 걸으며 관광하고 놀다가 마지막 날에는 귀국해서 푹 쉴 수 있다. 하지만 한 달 살기는 그 3박 4일의 해외여행이 영원히 끝나지 않는 느낌이라고 하면 조금 이해할 수 있을까? 만약에 관광지를 알차게 둘러보는 한 달 살기를 계획하고 있다면, 떠나기 전에 꼭 체력 보강을 조금이라도 하고 가라는 당부를 하고 싶다.

또 누군가가 한 달 살기를 갈 예정이라며 내게 조언을 구한다면, 숙소는 반드시 호텔로 하라는 이야기를 하고 싶다. 모처럼의 한 달 살기라 집안일을 최소화하고 싶었는데 그게 불가능했다. 호텔에서 지냈더라면 룸 클리닝 서비스라도 받을 수 있었겠지만, 나는 맨션에서 지냈기 때문에 힘들게 관광하고 온 뒤에도 빨래하고, 청소기 돌리고, 설거지를 해야만 했다.

교토에 가기 전에는 그런 집안일도 해야 진짜 현지에서 살아본 느낌일 거란 생각에 맨션을 숙소로 잡았는데 살짝 오산이었다. 어쨌든 한 달 살기라 해도 외국에 나가 있는 것이고 여행은 여행이다. 여러 가지 힘들었던 일들을 하나하나 나열하자면 에필로그가 아니라 고생 리스트가 될 것 같으니 조금 참도록 하겠다.

고생은 좀 했지만 교토에서의 한 달 살기를 후회하진 않는다. 스스로를 돌아보고 나를 더 잘 알 수 있는 시간이었으며, 평생 하지 못한 나 홀로 여행을 지겹도록 할 수 있는 기회였다. 그 소중한 시간에 감사하다. 당시에는 힘들다며 칭얼거렸지만, 지금은 다시 한 달 살기를 그리워하고 있는 걸 보면 이러니저러니 해도 멋진 추억이었다. 교토에서의 이 특별한 기억은 앞으로도 내 인생의 일탈을 꿈꿀 때 한 번쯤 꺼내 열어보는, 좋은 타임머신 같은 존재가 될 듯하다.

아마 다시 교토에 간다고 해도 벚꽃이 만발하고, 버스정류장에서 날마다 잉어를 구경하던 2019년 4월의 그 느낌을 온전히 되살릴 수는 없을 것이다. 그때 그 시간 속 내가 경험한 교토는 오로지 내 심연의 깊은 기억으로만 자세히 남아 있다. 이 책 『한 달의 교토』에는 그 빛나는 조각들이 담겨있다. 독자들과 책을 통해 교토의 기억을 공유할 수 있어서 행복하다.

디지털 노마드 번역가의 교토 한 달 살기

한 달의 교토

초판 1쇄 발행   2020년 2월 10일

초판 2쇄 발행   2020년 6월 20일

지 은 이   박현아

펴 낸 이   최수진

펴 낸 곳   세나북스

출판등록   2015년 2월 10일 제300-2015-10호

주   소   서울시 종로구 통일로 18길 9

홈페이지   http://blog.naver.com/banny74

이 메 일   banny74@naver.com

전화번호   02-737-6290

팩   스   02-6442-5438

I S B N   979-11-87316-58-9 03980